智慧建造理论与实践

李久林 魏 来 王 勇 等著

U0226110

中国建筑工业出版社

图书在版编目(CIP)数据

智慧建造理论与实践/李久林等著. —北京：中国
建筑工业出版社，2015.6（2021.2重印）
ISBN 978-7-112-18162-9

Ⅰ.①智… Ⅱ.①李… Ⅲ.①智能化建筑-研究
Ⅳ.①TU18

中国版本图书馆CIP数据核字(2015)第117304号

本书由中国城市科学研究会数字城市专业委员会智慧建造学组组织编写，为最近几年我国在智慧建造方面的理论研究和应用成果，系统阐述了智慧建造理论、描绘智慧建造发展蓝图，力求推动智慧建造事业的健康快速发展。全书共9章，分别为：智慧城市的发展与建设现状，从数字化建造到智慧建造，基于BIM的工程设计与仿真分析，现代测绘技术与智慧建造，大型建筑工程的数字化建造技术，工程安全与质量控制监测技术，基于三维GIS技术的铁路建设管理应用，基于BIM的机电设备运维管理实践，常用BIM平台软件及应用解决方案。本书内容新颖，系统全面，可操作性强，既可作为工程建设企业在智慧建造方面的操作指南，也为相关专业人员提供学习参考。

责任编辑：刘　江　范业庶
责任校对：李美娜　刘梦然

智慧建造理论与实践

李久林　魏　来　王　勇　等著

＊

中国建筑工业出版社出版、发行（北京西郊百万庄）
各地新华书店、建筑书店经销
北京科地亚盟排版公司制版
北京建筑工业印刷厂印刷

＊

开本：787×1092毫米　1/16　印张：13½　字数：319千字
2015年7月第一版　　2021年2月第二次印刷
定价：45.00元
ISBN 978-7-112-18162-9
(27392)

编写委员会

主　　任：李久林

副 主 任：魏　来　王　勇

委　　员：（按姓氏笔画排序）

马旭新　王井民　冯　涛　刘　军

刘　刚　刘宝林　孙树礼　李小和

杨宝明　张　鸣　陈根宝　窦晓玉

参与人员：（按姓氏笔画排序）

万碧玉　弓俊青　包仪军　过　俊

朱小羽　向　敏　刘占省　刘立明

刘良华　刘震国　李君兰　李浓云

杨　郡　杨智英　何海芹　张志艳

张学生　陈大勇　易　君　孟　涛

赵宝森　胡振中　侯占林　姜　栋

贺灵童　秦　军　黄海龙　黄锰钢

韩祖杰　穆　威

建筑业作为我国国民经济的支柱产业之一，自新中国成立以来取得了巨大的成就，已成为改善城乡面貌、提高人民生活水平、拉动国民经济快速增长的重要产业。但是，作为传统产业的建筑业在工程施工过程中长期以来存在着科技含量相对较低、管理相对粗放、能耗相对较高等问题。大力推进建筑业工业化、信息化、绿色化等是实现我国建筑产业现代化的重要途径。

近年来，BIM、物联网等信息技术的蓬勃发展与快速普及为推进建筑业信息化创造了条件。李克强总理在今年的政府工作报告中指出："制定互联网＋行动计划，推动移动互联网、云计算、大数据、物联网等与现代制造业结合……"发展智慧城市已成为城市建设与管理的大趋势。当前，迫切需要将新兴信息技术与先进工程建造技术融合，探索和实践互联网＋建筑业、建筑业的"中国制造2025"，形成新的工程建造模式以推动建筑产业的革新与升级。

广义的工程建造过程覆盖工程立项策划、工程设计和工程施工等全部的工程项目生成阶段。智慧建造的提出，实质上是对工程项目建造的全过程提出了系统的发展要求。实施智慧建造的本质是用现代化的管理技术、计算机技术、信息技术和网络技术等技术方法，对传统的工程立项策划、工程设计与工程施工等过程加以改造，使工程项目建造过程实现绿色化、现代化和精细化目标的过程。因此，智慧建造是我国经济发展进入新常态情况下实现工程建造现代化和精细化的新型建造模式。

智慧建造是建立在高度的信息化、工业化和社会化基础上的一种信息融合、全面物联、协同运作、激励创新的工程建造模式；是BIM、物联网等信息技术与先进建造技术的融合。智慧建筑不仅需要创新建造技术本身，更需要创新工程建造管理的方式方法，乃至整个建筑产业链结构的全面创新，可克服传统建筑业无法发挥工业化大生产的规模效益的缺陷，最大限度实现绿色、高效和精益建造。智慧建造有助于创造一种和谐共生的产业生态环境，使复杂的建造过程定量化，有助于创造建筑全生命周期内、多方参与的协同和共享，使业主和承包商之间、总包与分包之间、建设与物业运营之间形成合作共赢的关系。同时，智慧建造还是智慧城市建设的重要支撑，是实现建筑和城市基础设施数字化的重要途径。

中国城市科学研究会数字城市专业委员会智慧建造学组自 2014 年 5 月成立以来，在智慧建造理论体系创建、实用体系的探索、开展智慧城市和智慧建造交流等方面开展了大量扎实和卓有成效的工作，已成为国内开展智慧建造研究与应用的重要力量。

　　李久林等编著的《智慧建造理论与实践》一书，既包括他们对智慧建造理论体系的研究，也包括相应的应用实践。该书理论体系较完整、应用案例较丰富。相信本书的出版发行将对我国智慧建造模式的发展，起到积极地推动作用。

（肖绪文）

中国工程院院士

中国建筑股份有限公司首席专家

中国建筑业协会专家委员会常务副主任

中国建筑业协会绿色施工分会常务副会长

2015 年 6 月

前　言

当前，随着 BIM、物联网、移动互联网、云计算、大数据等信息技术的发展与普及，我国工程建设领域正面临着新的发展机遇与挑战。在构建"数字城市"和"智慧城市"的进程中，亟需采用新的工程建造模式——"智慧建造"来支撑建筑行业的产业升级。"智慧建造"是建立在高度的信息化、工业化和社会化基础上的一种新兴的工程建造模式。目前，智慧建造在支撑技术、应用场景、产业模式等方面都存在着大量亟需研究和探索的问题。

2014 年 5 月 15 日，中国城市科学研究会数字城市专业委员会智慧建造学组（以下简称"学组"）在北京城建集团召开了成立大会。大会选举北京城建集团担任学组组长单位，中国建筑标准设计研究院、铁道第三勘察设计院、天津市建筑设计院、中国航天建设集团、北京建谊投资发展（集团）、浙江省建筑科学设计研究院、北京建工博海建设有限公司、北京世纪安泰建筑工程设计有限公司、上海鲁班软件有限公司、北京雨欣博联科技发展有限公司 10 家单位为副组长单位。2015 年 1 月 15 日，学组年会上吸收北京轨道建筑学会、广联达软件股份有限公司、上海蓝色星球科技股份有限公司 3 家单位为副组长单位。目前，学组已发展会员单位 125 个，覆盖全国 19 个省（市、区），搭建起全国首个智慧建造学术交流平台。

2014 年 7 月 8 日，学组工作会上决定结合学组各成员单位研究、生产实践，集全学组之智编著出版一本智慧建造专辑，阐述智慧建造理论、描绘智慧建造发展蓝图，推动智慧建造事业的健康、快速发展。近年来，工业互联网、工业 4.0 等的热议，特别是 2015 年李克强总理在政府工作报告中提出"互联网＋"和"中国制造 2025"更使我们认识到这项工作的重要性和紧迫性。在专辑的编写过程中，也得到了中国城市科学研究会李迅秘书长、戴佩和处长等领导的热情指导，中国建筑设计研究院、悉地国际、欧特克、奔特力、达索等业内同仁的大力支持。

本书的具体编著分工如下：第 1 章第 1 节由万碧玉、姜栋、李君兰编写，第 2、3 节由魏来、易君、何海芹编写，第 4 节由黄海龙、杨智英编写，第 5 节由穆威编写；第 2 章第 1～2 节由李久林、王勇编写，第 3 节由刘刚编写，第 4 节由刘震国、孟涛编写；第 3 章由秦军、过俊、赵宝森、向敏编写；第 4 章由陈大勇编写；第 5 章由李久林、王勇、杨郡、李浓云、张志艳编写；第 6 章第 1~4 节由弓俊青编写，第 5 节由刘占省编写；第 7 章由韩祖杰、侯占林编写；第 8 章由胡振中、李久林、王勇编写；第 9 章由张学生、刘良华、朱小羽、黄锰钢、贺灵童、刘立明、陈根宝编写。全书由李久林、魏来、王勇统稿，李久林审定。

本书在编写和审核的过程中，得到了有关专家和业内同行的大力支持和帮助，在此编者表示衷心感谢。

由于编者水平有限，书中难免存在不足之处，恳请广大读者给予指正。

目　录

第1章

智慧城市的发展与建设现状

智慧城市是将信息技术广泛应用于城市基础设施，以及政治、经济、文化、社会生活等各个领域，使城市变得"聪明"起来。智慧城市分为三个层次：第一是更透彻的感知，更全面的互联互通；第二是更深入的整合，更协同的运作；第三是更多样的服务，更积极的创新。

1.1 国内外智慧城市的发展现状

1.1.1 国外智慧城市发展现状

近些年来，世界各国都在积极地开展智慧城市的探索和建设。这其中有大家熟知的英国"电子伦敦和电子连接"计划、法国的"数字巴黎"计划、新加坡的"2015 智慧国"、日本的"U-Japan 计划"、韩国的"U-city 计划"等。目前，全球已有 50 多个国家开展了智慧城市的相关业务，产生了 1200 多个智慧的解决方案，无论是交通、电网、建筑，还是能源和公共事业等各个领域，都能看到智慧应用（表 1-1）。而且随着时间的推移，这些领域智慧应用的程度也将越来越高。

国外智慧城市发展应用案例

表 1-1

智慧交通	瑞典首都斯德哥尔建立了智慧交通体系；日本城市交通堵塞通过智慧交通得到有效解决；英国纽卡斯尔大学正在开发一套先进的智能交通系统
智慧电网	美国博尔德市是全美第一座智能电网城市，该城市建立智能变电站、智能停电管理来提高供电效率和供电可靠性；澳洲政府在 2009 年提出"SmartGrid，SmartCity"计划推动澳洲智慧电网的建设
智慧建筑	2007 年，英国在格洛斯特建立了"智能屋"试点，将传感器安装在房子周围，传感器传回的信息使中央电脑能够控制各种家庭设备

续表

智慧节能	阿姆斯特丹是荷兰最大的城市，二氧化碳排放量大，为了改善环境问题，该市启动了两个项目（WestOrange 项目和 Geuzenveld 项目），通过智慧化节能技术，降低二氧化碳排放量和能量消耗
智慧医疗	AT&T（American Telephone & Telegraph，美国电话电报公司）已经将智慧医疗行业作为一大潜力领域进行系统开发；2010 年，运营商西班牙电信强势进军医疗信息领域，专门成立了智慧医疗业务部门
智慧城管	2012 年，IBM 公司和菲律宾达沃市政府宣布一项关于城市扩大现有公共安全指挥中心的协议，旨在创建一个智能和安全的城市；2012 年底，法国拉罗谢尔市为 1.1 万个垃圾箱装上电子芯片，每个家庭配有一个家庭生活垃圾箱和一个包装分类收集垃圾箱，每个垃圾箱都配有一个电子芯片
电子政府	新加坡电子政府建设处于全球领先地位，其成功有赖于政府对信息通信产业的大力支持，真正建成了高度整合的全天候电子政府服务窗口，使各政府机构、企业以及民众间达成无障碍沟通；伦敦市政议会的服务将实现移动化，从而达到削减成本，并与没有介入宽带的市民进行互动的目的
智慧物流	美国的第三方物流公司 Catepillar 开发的 CLS 物流规划设计仿真软件，它能够通过计算机仿真模型来评价不同的仓储、库存、客户服务和仓库管理策略对成本的影响；日本在集成化物流规划设计仿真技术的研究方面处在世界领先地位，其最具代表性的成果是以前从事人工智能技术研究的 AIS 研究所研发的 RalC 系列三维物流规划设计仿真软件

回顾海外智慧城市的发展经验，不难发现海外智慧城市的发展多数以"绿色、低碳"、"惠及、便民"等智能服务为主，较少开展全面系统的智能城市规划，并且智慧城市更多以信息化带动和提升城市发展之路的实际效果为主。在建设方式方面，海外的智能城市建设注重公私部门的合作，有众多企业参与，以企业形式管理项目。

1.1.2 国内智慧城市发展现状

当前，我国正在通过"两化融合"、"五化并举"、"三网融合"等战略部署，积极利用物联网、云计算等最新技术，推进智慧城市建设。国内在建设智慧城市过程中，有些城市围绕创新推进智慧城市建设，提出了"智慧深圳"、"智慧南京"、"智慧佛山"等；而更多的城市则是围绕各自城市发展的战略需要，选择相应的突破重点，提出了"数字南昌"、"健康重庆"、"生态沈阳"等，从而实现智慧城市建设和城市既定发展战略目标的统一。

住房城乡建设部于 2012 年底启动了国家智慧城市试点工作，加强各省对试点城市开展创建指导工作，2012、2013 年度先后遴选了两批共 193 个不同区域、不同类型的市、区、镇，含省会城市 10 个、地级市 66 个、县级市（县）48 个、城区 27 个、新区 34 个、镇 8 个，覆盖华东、华南、华中、华北、西北、西南和东北地区，分布情况见图 1-1、图 1-2。华东地区试点城市数量最多，占总量的 30％以上，西北、西南地区相对较少。这反映了经济发达地区自身条件较好，具备开展智慧城市建设的基础，这些地区在新型城镇化发展过程中亟需采用智慧化手段解决城市发展面临的突出问题。

图 1-1 2012 年度国家智慧城市试点分布图

图 1-2 2013 年度国家智慧城市试点分布图

根据试点城市申报任务书的资料，将各试点计划建设的重点项目数量按保障体系与基础设施、智慧建设与宜居、智慧管理与服务和智慧产业与经济 4 个一级指标进行分类，如图 1-3 所示。由图中可见，智慧管理与服务类的项目数量最多。

根据 2013 年度自评价报告，经过一年左右的创建实践，通过对各省 2013 年启动项目的总体情况进行分析，可以看出江苏、山东、湖南和安徽等省已启动的项目较多（见图 1-4）。从项目启动率的角度来看，上海、江苏、贵州和四川 4 地项目启动率较高。

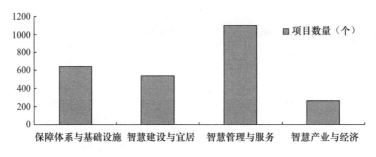

图 1-3 试点重点项目数量统计

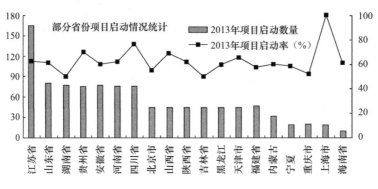

图 1-4 部分省份项目启动情况统计

1.2 智慧城市的框架体系

智慧城市的理念目前国内外基本上一致，都在强调两大方面：一方面为数字化的核心，另一个方面是与人的交互。目前，英国在这方面作了较为出色的研究。本节将对英国和我国的智慧城市框架体系进行介绍。

1.2.1 英国的智慧城市框架体系

英国标准研究院在 2014 年发布的 PAS 181：Smart city framework 标准中，将智慧城市框架自上而下分别为：技术和基础设施（Technology and Infrastructure）、数据（Data）、城市综合管理平台（Integrated city-wide governance）、服务（Services）和使用者反馈（Customer delivery）5 个层级，如图 1-5 所示。其中，技术和基础设施与数据两项是属于数据采集和整理层面，对应于我国框架中的感知层。在这两个层面中，主要搜集的数据有：能源使用（Energy）、废弃物（Waste）、水资源（Water）、通信（Telecommunications）、监管与应急（Policing and emergency）、教育与培训（Education and training）、交通（Transport）、健康（Health）、社会服务（Social services）、住房（Housing），环境服务（Environmental services）、金融和经济（Finance and economy）。

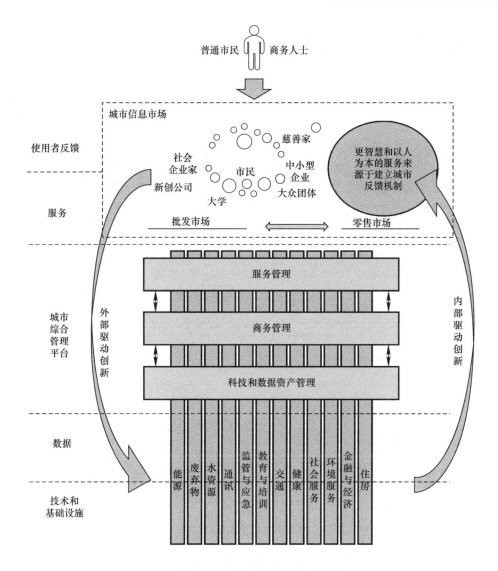

图 1-5 英国的智慧城市框架体系

上述采集的各项数据将在城市综合管理平台之中进行统一管理，分为三种类型：服务管理（Service management）、商务管理（Business management）、科技和数据资产管理（Technology and digital asset management）。

由城市综合管理平台对公众提供信息服务，称之为城市信息市场（City information marketplace），在其中包括各种类型的使用者，既有普通市民，也有商务人士。

与英国以前的标准相比，2014 版本的框架加入了两个因素，即外部驱动创新（Externally-driven Innovation）和内部驱动创新（Internally-driven Innovation）。这两种因素强调了市民对于信息的反馈，以及使用者与信息系统之间的互动，这些正是智慧城市之精髓所在。

1.2.2　我国的智慧城市框架体系

在我国已经取得的研究成果上看，智慧城市的架构一般分为 4 个层面，即感知层、通信层、数据层和应用层，如图 1-6 所示。

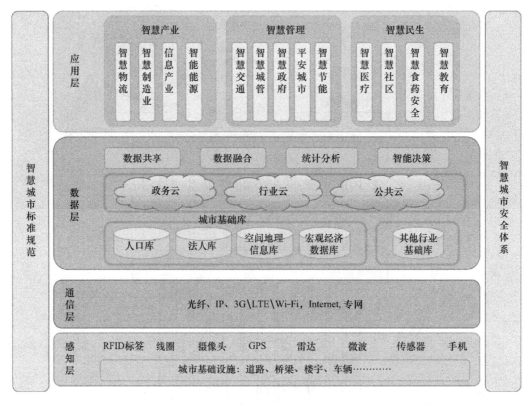

图 1-6　我国的智慧城市架构体系

其中，感知层是智慧城市实现其智慧的基本条件，通过 RFID、传感器、传感网等物联网技术实现对城市范围内基础设施、环境、建筑、安全等的监测和控制；通信层是智慧城市中的信息高速公路，是未来智慧城市的重要基础设施；数据层的核心目的是让城市更加智慧，通过数据关联、数据挖掘、数据活化等技术解决数据割裂、无法共享等问题。数据层包含各行业、各部门、各企业的数据中心以及为实现数据共享、数据活化等建立的市一级的动态数据中心、数据仓库等；应用层主要是指在感知层、通信层、数据层基础上建立的各种应用系统。

1.3　智慧城市建设的标准体系及评价体系

1.3.1　智慧城市建设的标准体系

智慧城市建设的标准体系是指由确保智慧城市建设健康、快速发展所必需的、具有内在联系的和现有的、正在制定的及应予制定的所有标准组成的科学有机整体，也是一个涵盖对象、技术、业务、管理等方面标准在内的标准集合。

在编制智慧城市建设标准体系的过程中，不仅应注重总体上标准分类的合理性和体系结构的科学性，同时也要考虑智慧城市建设业务不断发展和应用对标准提出的不断更新、扩展和延伸的研究需求，以及注重与现行的相关国际标准、国家标准和行业标准的相互衔接性，从而推动智慧城市建设从当前的条块分割、封闭的信息化架构转向一个开放、协同、合作的信息化架构。

按照上述智慧城市建设标准体系的定义和编制原则，构建了智慧城市建设标准体系框架，共包括 7 个分体系：基础类标准、数据类标准、应用类标准、设施类标准、安全类标准、管理类标准、服务类标准。各分体系又分别包括若干项二级类目，具体如图 1-7 所示。

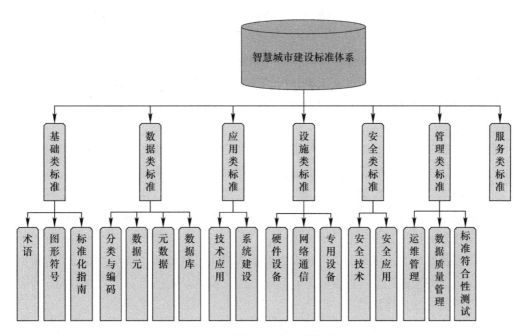

图 1-7　智慧城市建设标准体系框架

以下对智慧城市建设标准体系框架进行分体系说明：

（1）基础类标准分体系

基础类标准是智慧城市建设发展所需的基础性和通用性的标准。该分体系包括术语、图形符号、标准化指南 3 个二级类目。

术语标准是指以智慧城市建设专用术语为对象制定的标准。图形符号标准是指针对智慧城市建设业务中涉及的表示地图要素的空间位置及其质量和数量特征的特定图形记号或文字而制定的标准。这两类标准主要用于统一智慧城市建设业务中遇到的主要名词、术语、技术词汇和图形符号，避免引起歧义性理解。标准化指南包括开展智慧城市建设标准化工作所需的标准体系、工作指南等总体性和指导性文件。

（2）数据类标准分体系

数据类标准是指通过对数据的基本单元、结构、格式、分类编码等方面进行规范，保证数据的准确性、可靠性、可控制性和可校验性，为数据交换与共享以及信息集成提供支持。该分体系包括分类与编码、数据元、元数据、数据库 4 个二级类目。

分类与编码标准是进行数据交换和实现数据资源共享的重要前提。其中与个人、组织、设备等有关的分类编码已有大量国家标准，可直接引用。重点需要编制的是智慧城市建设专用的分类编码标准。数据元标准是指按照定义、标识和允许值等属性给出智慧城市建设发展所需的数据元集合。元数据标准是指按照一定的规则，从信息资源中抽取相应的特征，组成一个特征元素集合的标准。数据库标准是指智慧城市建设中的数据库设计方面的标准和规范。

（3）应用类标准分体系

应用类标准是指规范智慧城市建设、保障其应用可靠性的标准。该分体系包括技术应用和系统建设 2 个二级类目。

技术应用标准是指规范和保障各类技术在智慧城市建设中应用可靠性的标准，主要是为智慧城市建设中的技术应用以及决策分析等方面提供指导。系统建设标准是指对应用系统设计、建设和集成进行要求和说明，以及提供方法指导、技术支持的标准。

（4）设施类标准分体系

设施类标准是指智慧城市建设应用中所用的信息采集、处理设备以及网络设施等方面的标准。该分体系包括硬件设备、网络通信、专用设备 3 个二级类目。

硬件设备标准是指与智慧城市建设所用各种硬件设备相关的标准。网络通信标准是指智慧城市系统及各级各类子系统之间的通信协议、信息传递与共享等方面的标准。专用设备标准是指智慧城市建设业务中专用的信息化电子设备（如城管通、手台等）方面的标准。这些标准主要用来指导智慧城市建设中设备选型、安装调试、验收、招标等方面的工作，保障设施之间互连互通。

（5）安全类标准分体系

安全类标准是为确保智慧城市建设工作安全运行，确保信息的保密性、完整性和可用性提供安全方面所需的标准。该分体系包括安全技术、安全应用 2 个二级类目。

安全技术标准是指访问控制、信息完整性保护、系统与通信保护、物理与环境保护、安全审计、备份与恢复等方面的标准。安全应用标准是指 Web 安全、应用安全、数字证书应用等方面的标准。

（6）管理类标准分体系

管理类标准是为确保智慧城市建设正常运行和获得良好效益而制定的标准。该分体系包括运维管理、数据质量管理、标准符合性测试 3 个二级类目。

运维管理标准是指针对智慧城市建设系统运营和维护服务的类型、内容、服务台等对象的管理要求和规则而制定的标准。数据质量管理标准是指针对智慧城市建设中的各类数据进行质量控制、管理与维护的标准。标准符合性测试标准是指针对智慧城市建设信息系统或产品的功能、性能、安全性等指标，测试其与所规定的指标之间符合程度所需的标准。

（7）服务类标准分体系

服务类标准是指针对智慧城市平台向个人和企业等提供服务以及各利益相关方积极参与智慧城市建设方面的标准。该分体系充分体现了智慧城市建设"以人为本"和"人民城市人民建"的核心理念。

1.3.2 智慧城市建设的评价体系

随着智慧城市理念的提出，为了衡量智慧城市的成熟度，指导智慧城市的建设实践，世界诸多国家或者城市均展开了关于智慧城市评价体系方面的研究。一个成熟的智慧城市评价体系，能够充分反映智慧城市的建设目标、建设标准以及建设体系。

目前国内外有数百套智慧城市的评价体系，其中较为成熟的约几十种。世界公认的较为先进的评价体系是维也纳体系，如图1-8所示。2007年10月，以维也纳理工大学Rudolf Giffinger教授为首的研究小组，从智慧人群、智慧经济、智慧治理、智慧流动、智慧环境、智慧生活6大维度出发，构建了包含31项二级要素、74项三级指标的智慧城市评价体系，进而在对指标体系进行标准化变换与加总后，对70个欧洲中等规模智慧城市的发展水平进行了测算与排名。结果表明，瑞典、芬兰等北欧国家，以及荷兰、比利时、卢森堡、奥地利城市智慧程度较高。

• 维也纳理工大学体系—6大维度，31项要素，74个三级指标

• 创新精神 • 企业家精神 • 经济前景 • 生产力水平 • 人力市场灵活度 • 国际化程度	• 决策参与度 • 公共社会服务 • 透明政府	• 当地可达性 • 国际国内可达性 • ICT设备可用性 • 交通系统的可持续、创新和安全	• 自然环境吸引力 • 污染 • 环境保护 • 可持续资源管理	• 文化设施 • 医疗条件 • 个人安全 • 住房质量 • 教育设施 • 旅游吸引力 • 社会凝聚力	• 资格水平 • 终生学习参与度 • 社会种族多元度 • 灵活性 • 创造性 • 开放性 • 公共生活参与度
智慧经济	智慧治理	智慧交通	智慧环境	智慧生活	智慧市民

图1-8 维也纳智慧城市评价体系

IBM公司于2009年8月发布了《智慧的城市在中国》白皮书，提出智慧城市建设应该基于人（公共安全、医疗教育与生活质量）、商业（商业计划、对外开放、投资、劳工立法、产品市场立法等）、运输（公共交通网络、海运和空运）、通信（电子通信的基础架构，如电话、宽带和无线网络）、水（水的循环、供应与清洁）和能源（生产、运输体系与废弃物处理）六大核心系统，并指出这些系统的有效性、高效性和安全性决定一个城市如何运作和实现自身目标以获得城市发展上的成功。六大系统的划分为构建智慧城市一级评价指标体系提供了有益参考，如图1-9所示。

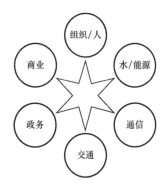

图1-9 IBM的智慧城市建设六大核心系统

国际智慧城市组织（Intelligent Community Forum，ICF）作为一个长期关注智慧城市发展的智囊团，以智慧社区建设为核心进行智慧城市的研究，寻求智慧城市的最佳实践，以期推动城市的可持续发展。ICF 主要从宽带连接、知识型劳动力、创新、数字融合、社区营销与宣传五个方面去评价智慧社区的发展水平，并于 2012 年 1 月公布了"2012 全球顶尖 7 大智慧社区"入选名单，美国德州奥斯汀、芬兰奥卢、加拿大魁北克、美国加州滨江、加拿大圣约翰、加拿大斯特拉特福与中国台湾台中市并列全球顶尖 7 大智慧城市。

我国也对智慧城市的评价体系进行了研究。然而大多数处于研究当中，特别是国家层面的评价标准，尚无较为权威的体系出现。相反，部分城市走在前面，比如上海市、南京市、宁波市等。

由上海浦东智慧城市发展研究院、中科院上海高等研究院、智慧城市信息技术有限公司在 2012 年 12 月发布的《智慧城市评价指标体系 2.0》中，统筹考虑城市信息化水平、综合竞争力、绿色低碳、人文科技等方面的因素，确立了新一代的"指标体系"，主要可分为智慧城市基础设施、智慧城市公共管理和服务、智慧城市信息服务经济发展、智慧城市人文科学素养、智慧城市市民主观感知、智慧城市软环境建设 6 个维度，包括 18 个要素、37 个指标。

由全国智能建筑及居住区数字化标准技术委员会（以下简称"智标委"）负责编写的《中国智慧城市标准体系研究》于 2013 年正式发布。该研究确立的标准体系框架由 6 个方面组成：第一是总体标准，第二是基础设施，第三是建设与宜居，第四是管理与服务，第五是产业与经济，第六是安全与运维，这些构成了中国智慧城市整个的标准体系。

中国国家标准化管理委员会下达的《智慧城市评价模型及基础评价指标体系》，将是我国第一个指导与评价智慧城市的国家标准。组织了国内诸多的政府部门、企业等组织进行编制。这也是第一次对我国智慧城市的建设、管理等进行规范，建立我国统一、科学合理的智慧城市模型和建设管理指标，为各地进行智慧城市建设程度、水平和效益评估提供统一依据，为有需求的地方扩展和建立各自的评价指标体系提供基础，也将为我国主管部门从整体上综合分析各城市智慧城市规划和建设提供统一维度。整个体系分为三个部分，即基础设施、信息化应用和服务、建设管理，如图 1-10 所示。

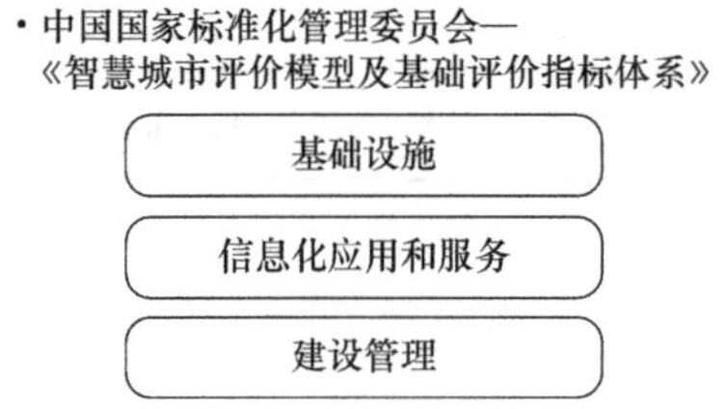

・中国国家标准化管理委员会—
《智慧城市评价模型及基础评价指标体系》

- 基础设施
- 信息化应用和服务
- 建设管理

图 1-10　我国的智慧城市评价模型及基础评价指标体系

1.4　智慧城市建设的策略分析

1.4.1　智慧城市规划设计的策略

1. 基本理念

智慧城市规划设计要综合国情、省情、市情，系统评估城市对智慧的需求，综合考量各类信息科学技术，充分结合模范城市对标做好自身定位，围绕环境资源、建筑及基础设施、信息系统及信息资源、人力资源、经济产业发展、社会管理服务及民生等方面展开系统化分析，以系统论的思想发现问题、分析问题、解决问题，继而形成涵盖需求、动力、战略、策略、定位、方向、原则、目的、目标、路径、方案、措施等方面内容的解决方案。

2. 智慧城市规划设计基本内容

智慧城市规划设计可分为总体规划设计、专项规划设计两部分。总体规划设计强调描述智慧城市战略，分析需求体系、智慧城市建设可依托动力，统筹智慧城市发展所需各类要素资源，兼顾专项规划设计的关联要求，涵盖智慧城市发展定位、战略方向、指导思想、基本原则、总体目标、治理思路、总体投资估算等内容。而专项规划设计则强调描述智慧城市策略，要贯彻、顺承、支撑总体规划设计，通过具体的治理与技术方案来解决面向细分领域的具体问题，涵盖专项规划设计目标、方案、路径、措施等内容。

3. 智慧城市规划设计基本原则

智慧城市规划设计要注重坚持以下几项基本原则：

(1) 要始终贯穿顶层设计思想。要从经济与社会规划、产业发展规划、空间控制性详规、市政及信息基础设施建设、生产生活各类要素保障及配套等方面融合论证，要注重"三规合一"，形成智慧城市规划设计总方案、路线图、时间表，从而使得智慧城市规划设计既具备战略性、总体性、前瞻性、长远性，又具有针对性、可实施性。

(2) 要聚焦城市个性化需求。各个城市在基础设施、资源禀赋、经济与产业发展需求等方面均不相同，因此，智慧城市规划需要切实满足个性化的需求以避免千城一面，需要形成合适的投资建设方案、模式、节奏，从而实现持续优化部署，提高投资效益，降低建设风险。

(3) 要动态优化智慧城市规划设计。随着时间推移，技术在不断发展，管理思想和制度也在不断变革，智慧城市规划是站在某个历史时间节点制定的，难免会在执行过程中出现某些不符合、不适应、不匹配的情况，所以需要不断总结和完善、动态调整和优化规划设计。

(4) 要将标准化、创新化相结合。一方面，要严格遵循国际、国家、行业的各类标准制定技术方案，并根据实际情况建立健全地方标准。另一方面，以创新思维针对标准的空白之处开展试验试点、编制技术规定等措施来解决规划设计中遇到的问题。

(5) 要将治理体系建设、智慧系统建设、信息资源体系建设相融合。要注重智慧城市治理体系建设与创新，使得软硬件体系建设有的放矢，同时要在开展应用系统建设中，尤其注重贯穿数据全生命周期的信息资源体系建设，不断挖掘和利用数据的潜在价值，使得数据变成可升值、可利用的资源。

4. 智慧城市规划设计基本方法

借鉴总体架构（Enterprise Architecture，EA）的思想，智慧城市规划设计架构具体可分为五部分内容：治理架构、业务架构、应用架构、信息架构、技术架构，如图1-11所示。

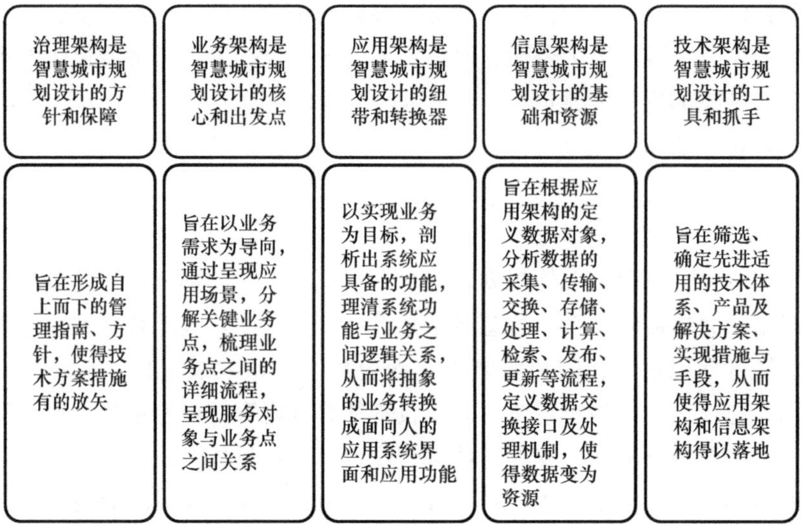

治理架构是智慧城市规划设计的方针和保障	业务架构是智慧城市规划设计的核心和出发点	应用架构是智慧城市规划设计的纽带和转换器	信息架构是智慧城市规划设计的基础和资源	技术架构是智慧城市规划设计的工具和抓手
旨在形成自上而下的管理指南、方针，使得技术方案措施有的放矢	旨在以业务需求为导向，通过呈现应用场景，分解关键业务点，梳理业务点之间的详细流程，呈现服务对象与业务点之间关系	以实现业务为目标，剖析出系统应具备的功能，理清系统功能与业务之间逻辑关系，从而将抽象的业务转换成面向人的应用系统界面和应用功能	旨在根据应用架构的定义数据对象，分析数据的采集、传输、交换、存储、处理、计算、检索、发布、更新等流程，定义数据交换接口及处理机制，使得数据变为资源	旨在筛选、确定先进适用的技术体系、产品及解决方案、实现措施与手段，从而使得应用架构和信息架构得以落地

图 1-11　智慧城市规划设计架构示意

5. 对我国智慧城市建设的策略建议

结合笔者参与的智慧城市规划、设计、建设的实践活动，下面谨提出一些针对智慧城市实践的策略建议。

（1）规划设计应注重贴合实际，而不宜盲目求全、求大、求先进。各个城市的基础设施建设、信息化水平等各方面情况存在差异，因此应注意因时制宜、因地制宜、因用制宜、因资制宜，而不宜急于求成、盲目求大、只顾技术先进。

（2）地方政府要准确理解政策，高效贯彻政策，发挥政策推动力。地方政府需准确理解上级有关政策，高效贯彻政策，明晰必选项和可选项、控制项和优选项，进而使得自身规划、设计及建设内容顺应国家政策方向，为智慧城市建设注入动力。

（3）重视软战略，促使软硬结合。智慧城市建设不仅要强调"硬战略"，重视部署工程、智慧系统，还要强化"软战略"，解决部门之间不协调、社会服务中不完善、企业和居民所需服务中不到位的地方，从而促使软硬结合推进智慧城市建设。

（4）注重技术方案的先进性、适用性，注重系统应用的关联性。在实际智慧系统建设中，要密切关注业务的应用关联性，分析业务与系统之间的映射关系，使得智慧系统建设解决更多问题。

（5）在实施智慧项目时要注重智慧建造。①应注重规划设计与工程建造全过程链接，强化项目全生命周期管理，从规划设计上解决不同系统衔接问题、不同建设工程接口对接问题、未来扩展预留问题等复杂问题。②要充分利用 BIM、仿真等信息技术，使得设计方案预期成果可视化、应用场景虚拟化、建设管理运维过程模拟化、投资概（预）算精细化，提高技术方案可实施性、精准度。③要将基础设施的智慧建造、智慧系统的智慧建造充分结合起来，从而促使配套基础设施工程附件及空洞预留与智慧系统施工要求更加精准的对接。

（6）应将节能贯穿于智慧城市建设始终。①不仅要考虑单个智慧系统的整体节能，还要考虑数据中心等配套基础设施的节能。②要通过政府的不同部门之间的协调机制，通过基础设施、智慧系统数据资源的共建共享来降低能源消耗。③应重视智慧系统建设后的运营、管理、维护过程的节能。

1.4.2　智慧社区、智慧交通、智慧管网的实施架构

1. 智慧社区的实施架构

某智慧社区项目旨在顺应智慧城市发展要求，充分利用社会管理创新综合试点区的契机，探索和发挥网格管理优势，利用信息技术等手段针对某市区街道的环境实现综合治理，从而实现以科技支撑市政市容管理，同时促进市政市容管理部门与街道办、公安交管部门的高效协调管理。

面向智慧社区的基本架构主要包括以下几部分：①网络及基础设施层，主要包括光网络＋LAN（WLAN），基于2G、3G、4G的移动公网和应急移动专网、数据中心；②应用系统层，主要包括安防系统、传感器系统等；③数据层，主要考虑通过云计算实现对各类数据的综合处理，从而为市政管理部门、街道管理部门、公安交通管理部门后期的多用户、多级别数据管理提供便利性，附加中间件来使得多类系统之间的信息能够以较低的成本得以互联互通；④平台层，主要考虑面向各级管理部门的数据综合处理、实时信息量较大的视频信息平台、方便执法人员检查和公众查询上报信息的移动应用平台；⑤终端层，主要考虑面向各类执法人员常规办公终端和查询终端、各类公众查询上报信息终端；⑥信息安全规范体系、信息与数据编码体系、网格管理体系、环境及安全管理体系，主要依据国家信息及安全相关标准规范、市市政市容管理部门和街道管理部门现有管理制度，详见图1-12。

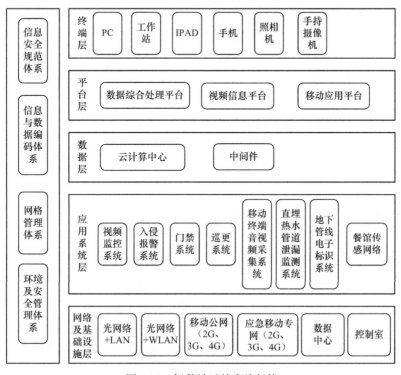

图1-12　智慧社区的实施架构

2. 智慧交通的实施架构

面向智慧交通的基本架构主要包括以下几部分：①感知层，主要包括各类网络终端、视频摄像机、各类光电传感设备；②基础设施层，主要包括场地类的机房、控制室、智慧中心，以及信息类的网络、存储、计算等资源设施；③数据层，主要提供各类数据库，以及面向数据全过程处理服务；④应用层，主要包括基础支撑类应用，面向政府管理部门应用，面向各类企业及公众用户应用；⑤建设与运行管理保障体系、信息安全保障体系、标准规范保障体系，主要依据具体相关部门管理制度、国家信息及安全相关标准规范，详见图1-13。

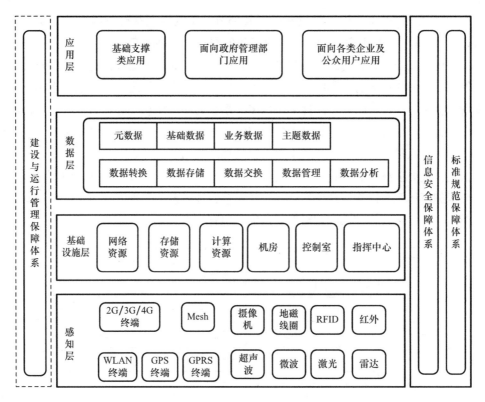

图 1-13　智慧交通的实施架构

3. 智慧管网的实施架构

面向智慧管网的基本架构主要包括以下几部分：①感知层，主要包括 RFID、摄像机、各类传感器；②基础设施层，主要包括场地类的机房、控制室、智慧中心，以及信息类的网络、存储、计算等资源设施；③数据层，主要提供各类数据库，以及面向数据全过程处理服务；④应用层，主要包括基础支撑类应用、面向政府管理部门应用、面向各类企业及公众用户应用；⑤建设与运行管理保障体系、信息安全保障体系、标准规范保障体系，主要依据具体相关部门管理制度、国家信息及安全相关标准规范，如图1-14所示。

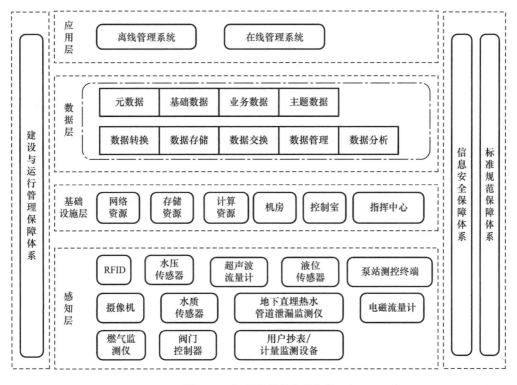

图 1-14　智慧管网的实施架构

1.5　上海绿街项目智慧规划实践

上海绿街项目在线规划系统将平面化的二维规划设计转变为三维动态可视化规划方案，并可将规划设计方案放置于虚拟现实的场景中进行方案的浏览、评估、比选，为城市规划人员提供了一条全新的规划设计模式。此外，通过系统的分析模块还可以对规划设计方案进行日照分析、视域分析、用地分析等内容，可以为城市规划人员提供可靠的分析结果，用于设计方案优化和改进。通过引入互联网思维，让社会公众参与到城市规划方案的浏览和评论，大大提高了公众对城市规划建设的关注度和参与度，也使收集公众意见为城市规划服务成为可能。

1.5.1　项目概况

上海"绿街"项目位于上海市静安区南阳路路段，项目范围为北京西路-万航渡路-南京西路-常德路-延安中路-西环路-南京西路-江宁路-北京西路约 50 公顷的区域，见图 1-15。该项目需要实现线上公众参与的功能，主要指实现基于三维模型的实时反馈，即用户点击模型中的任意位置留言并表达自己的诉求；实现反馈信息的数据分析，即软件可通过数据分析对反馈信息分类处理，形成最终公众意见汇总表；实现在线调查问卷三个方面的功能。

图 1-15 上海绿街项目区域范围

1.5.2 系统架构及关键技术

上海绿街项目在线规划系统采用面向服务体系的架构（SOA），以线上公众参与为出发点，整合多源异构数据，构建时空统一的城市三维数字数据集，以云存储、云计算和分布式网络为手段，实现数据的采集、变换和存储，面向规划行业特点提供模块化应用，打造全方位线上城市规划体验。实现系统功能的关键技术，包括：倾斜摄影航飞扫描、BIM模型创建、3DGIS 大场景制作和模型承载等。

1. 倾斜摄影航飞扫描

倾斜摄影技术是在同一飞行平台上搭载多台传感器，同时从 5 个不同的角度采集现实影像，然后通过先进的定位技术，经过自动化运算可以获得所拍摄区域的高清晰三维模型的一种技术。本项目即采用卫星影像和倾斜摄影的数据采集方式获得真实世界的高清数据，然后将其加工成可视化的三维模型，并将建筑等城市元素单体化，独立管理及信息查看，如图 1-16 所示。倾斜摄影数据不仅提供了可靠的三维数字化底图，还可以提供项目的实际坐标、DEM、DOM 等地理信息，是三维数字化的可靠保障。

2. BIM 模型创建

倾斜摄影获得的模型虽然可以快速获得城市的三维模型，但是却受限于拍摄设备和飞行高度，导致三维模型的精度达不到项目需求的深度。此外，对于复杂建筑存在拍摄不到或拍摄不完整因素的影响，使得三维模型出现破损或不完整的现象。为了满足项目需求，需要通过 3DMAX 手工建模配以街景贴图的方式，可以快速构建城市的精细化 BIM 模型，如图 1-17 所示。此模型是城市信息的载体，也是公众点击和查看的主要对象，为产品提供精细化的模型信息和高度还原现实的贴图数据。

图 1-16 上海绿街项目倾斜摄影模型

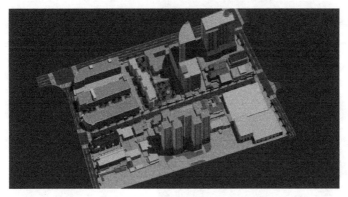

图 1-17 上海绿街项目创建的 BIM 模型

3. 3DGIS 大场景制作和模型承载

通过 3DGIS 平台可以对大体量的城市模型进行流畅的浏览、放大、缩小等三维场景实时操作，还可以利用其空间数据库实现三维模型空间信息的搜索和查询，可以为项目提供模型承载和平台支持，如图 1-18 所示。此外，3DGIS 的分析功能也是项目进行各项规划方案对比和分析的重要保障。

图 1-18 上海绿街项目的 3DGIS 场景浏览

1.5.3 应用实践

1. 用户登录

开放的产品模式让公众可以在不进行注册或登录状态下进行随意的模型浏览。当在用户将方案转发，分享时才需要注册登录，如图 1-19 所示。平台产品通过对用户注册后的使用行为来分析用户的操作习惯，是提高产品自我学习能力的首要途径。此外，平台可向注册用户推送规划设计的最新动态和问卷调查等内容，时刻与用户保持密切的沟通。

2. 信息查询与分享

公众可通过手持移动终端对三维场景进行流畅漫游，了解城市目前正在进行建设或规划中的建设项目，并可以发表自己的观点和意见。公众也可以通过网络直接访问网站在电脑上实时体验三维网络漫游，并通过个人登陆对规划方案提出反馈意见，甚至上传自己的设计方案等，如图 1-20 所示。

图 1-19　手机 APP 登录界面

图 1-20　信息查询与评论分享

3. 数据分析支撑智慧规划

该项目为用户提供了多种方案分析工具，如日照分析、视域分析、用地分析、限高分析等城市规划相关的分析工具，见图 1-21。通过日照分析，可以对规划方案的遮挡范围、日照时间、阴影面积等方面进行定性分析，用于指导分析规划方案的优劣；通过视域分析，可对空间位置的可视角度进行分析，直观有效地反映出当前视角下的场景情况；通过

图 1-21　多方案的智慧分析功能

显示规划用地的轮廓，可对规划区域用地进行直观的了解和分析，对当前范围内的用地类型的区分可对规划方案进行分析，用户可反馈对该规划的意见；限高分析可以直接标注规划设计中超高的部分，简单直接的提示规划设计的合理性。通过方案对比功能，可以将多个规划设计方案同时进行查看浏览，并可同时进行方案分析，这使得用户对规划设计方案的判断更加的直接。

方案对比分析是在线规划展示的一个延伸，通过对后台数据的分析和处理，形成对规划方案可参考性的数据和建议，是智慧规划的有机组成部分。此外，平台自动整理形成的用户意见综合反馈也能为城市规划提供可参考性的依据。该项目通过这些功能为智慧规划提供潜在的入口，保证了平台产品的可拓展性和可持续性。

1.5.4　案例小结

上海绿街项目在线规划系统利用倾斜摄影技术获得城市的三维轮廓，通过精细化的BIM模型进行项目查询和展示并融入互联网思维，让公众参与到城市规划的建设中来。整个产品是一个建立在高度还原现实的三维数字化模型的基础上，依托互联网等信息集成技术，通过数据分析整合和处理的一套具有高度公众参与特性的虚拟化、数字化展示平台。此系统作为智慧规划的一部分，为智慧规划管理平台的搭建起到了实践支撑作用。

第2章

从数字化建造到智慧建造

2.1 建筑工程的数字化建造

2.1.1 数字化建造的起源与发展

建筑工程数字化建造的思想由来已久，并随着机械化、工业化和信息技术的进步而不断发展。早在 1997 年，美国著名建筑师弗兰克·盖里在西班牙毕尔巴鄂古根海姆博物馆的设计过程中，通过在计算机上建立博物馆的三维建筑表皮模型进行建筑构型，然后将三维模型数据输送到数控机床中加工成各种构件，最后运送到现场组装成建筑物，这一过程已具备数字化建造的基本雏形。在我国，大型建筑工程的数字化建造实践是随着以国家体育场、首都机场 T3 航站楼等为代表的奥运工程建设而兴起，并随着上海中心等大型工程的建造而不断实践、发展。

2.1.2 国家体育场的数字化建造

国家体育场（鸟巢）作为 2008 年北京奥运会的主会场，是当前世界上特大跨度体育场馆之一。鸟巢的结构体系与建筑造型浑然一体，外围大跨度空间钢结构由 4.2 万 t 弯扭钢构件编织而成，内部看台为异形框架结构，由角度各异的混凝土斜柱组成，屋面采用 ETFE 和 PTFE 膜结构。鸟巢的钢结构施工是该工程的重大技术难题，通过采用数字化仿真分析、工厂化加工、机械化安装、精密测控、结构安全监测与健康监测、信息化管理等数字化建造技术保障了工程的顺利完成。

1. 三维建模及仿真分析

（1）基于 CATIA 的三维模型设计

国家体育场建筑空间造型复杂，独特的"鸟巢"结构由大量不规则的空间弯扭构件"编织"而成，传统的二维几何设计、定位和相应的二维图纸表达方法几乎无法完成设计任务。在国家体育场设计中，国内建筑行业首次引入了能够在三维空间模型中实现精确设计、定位的 CATIA 软件，以解决复杂建筑的空间建模问题，如图 2-1 所示。

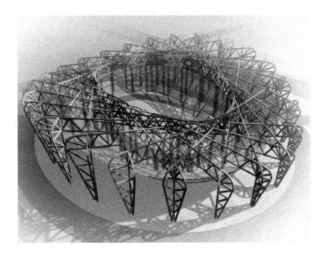

图 2-1　在 CATIA 中建立的钢结构三维模型

（2）弯扭构件的几何构型与放样

提出任意曲面弯扭薄壁箱形构件的几何投影生成法，通过弯扭箱形构件棱线特征点控制精度，采用 3 次 B 样条曲线，实现了弯扭构件连续光滑轮廓线的拟合（见图 2-2），开发了弯扭箱形构件深化设计软件，实现了多向相交空间弯扭构件的虚拟建造。

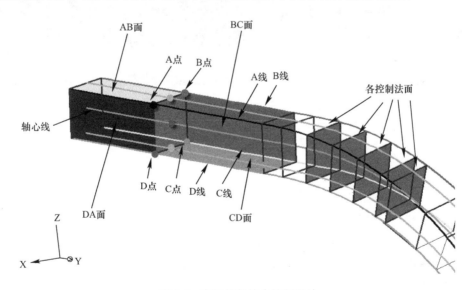

图 2-2　弯扭构件综合控制设计

（3）钢结构安装全过程模拟仿真分析

钢结构总体安装方案比选：对整体提升、滑移、分段吊装高空组拼方案（简称散装法）和局部整体提升等方案进行了比选，最终采用 78 个支撑点的高空散装方案。

钢构件安装前分析：施工前选择典型吊装单元，对构件形心和吊耳设计、构件翻身和吊装中的应力和变形、构件安装临时稳固措施、构件安装次序等进行了模拟分析。

钢结构整体合龙分析：从主体钢结构开始安装到钢结构整体合龙历时近 8 个月，需要依据确定的合龙断面位置，考虑各种温度变化情况，计算合龙断面处的杆件温度变形值，以确定具体合龙方式、合龙口预留间隙大小及合龙口做法。

钢结构支撑卸载分析：基于卸载仿真分析结果，鸟巢的钢结构工程整个卸载过程共分 7 大步、35 小步，从外向内进行。

2. 工厂化加工

根据弯扭箱形构件的特点，研发了无模成形技术及三辊卷板成形技术，高精度完成了弯扭构件加工，完美实现了"鸟巢"建筑造型。弯扭板件无模成形技术基于多点压制成形理论和多点拟合曲面理论，研制出了 PC 控制的大吨位、大尺寸多点无模成形柔性加工设备和配套软件系统。弯扭板件三辊卷板技术基于传统的三辊卷板技术，将造船、机械制造和建筑钢结构加工行业的加工制作工艺加以融合，研发出与三辊卷板机配套的控制软件，确定了成形控制工艺参数，以及采用油压机局部精整成形技术，形成了一套完整的箱形构件弯扭板件三辊卷板成形的技术，如图 2-3 所示。

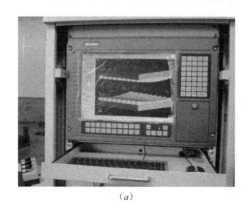 

(a)　　　　　　　　　　　　　(b)

图 2-3　弯扭板件多点无模成形控制

(a) 配套软件系统；(b) 弯扭构件加工设备

3. 机械化安装

根据本工程的结构特点和结构体系的形成过程，主体钢结构安装划分为 3 个阶段 8 个区域，分阶段分区域对称进行安装。钢柱与外圈主桁架分段由 2 台 800t 履带吊场外进行吊装、内圈与中圈主桁架分段由 2 台 600t 履带吊场内进行吊装，次钢结构采用 4 台 300t 履带吊进行吊装，仅历时 13 个月就完成了 4.2 万 t 钢结构的安装。

4. 精密测控

在复杂的施工环境下，采用智能化全站仪、GPS 和电子水准仪等技术，建立了优于 3mm 的高精度控制网，为空间异形钢结构安装提供了可靠的测量基础。开发了基于全站仪及 MetroIn 三维测量系统的精密空间放样测设技术，实现了大型复杂钢结构施工快速、准确的空间放样测设（见图 2-4）。采用激光扫描技术，对次结构安装过程中主结构空间位形变化进行动态监控，有效地控制了次结构构件加工和拼装，为钢结构构件加工、现场组装、空间就位提供信息化施工支持，提高了工程施工效率，保证了安装质量。

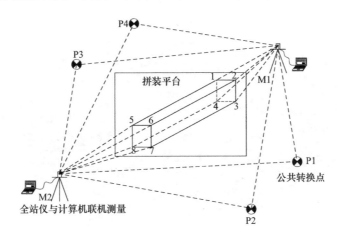

图 2-4　MetroIn 工业三维测量系统

5. 结构安全监测与健康监测

国家体育场钢结构施工过程中，整个工程上共布设了 320 多个各类监测点，分别监测钢结构本体温度、钢结构和支撑塔架应力应变、钢结构变形及空间位形变化等，以实现信息化施工。工程竣工后相应的结构健康监测系统至今仍正常工作，以评判各类特殊情况（如地震、风、雪等）对工程的影响。

6. 信息化管理

针对国家体育场工程建设管理的复杂性和高标准要求，进行了全面的信息化管理技术研究与应用。建立了覆盖整个施工场区与主要分包商的有线与无线结合的信息网络；开发应用了管理信息平台，以实现总包商内部与分包商之间的办公自动化；建立了 13 路视频摄像系统，并与总承包部局域网融合，实现桌面对现场作业面和场地主要出入口的实时监控；在民工生活区布设了红外安防系统，保证了生活区的安全；开发应用了建筑工程多参与方协同工作网络平台系统（ePIMS＋），为建筑工程包括业主、总承包商、分包商以及监理在内的多参与方的工程管理人员进行包括文档、图档和视档 3 种不同形式的工程信息共享、协同工作以及科学决策提供了高效的工具；开发应用了基于 IFC 标准的 4D 施工管理信息系统（图 2-5），实现了国家体育场 4D 施工管理，包括进度管理、资源管理、场地管理、建造过程的可视化模拟等；开发应用了基于互联网的国家体育场钢结构工程管理信息系统，实现了钢结构工厂加工、运输、现场拼装和安装的协同工作，以及焊缝与焊工、焊接记录的 100％可追溯。

2.1.3　数字化建造存在的问题

当前，以鸟巢为代表的数字化建造技术已在国内多项大型建筑工程中得到应用，推动了我国工程建造技术的提高。但还存在如下问题：

（1）"底层数据不统一"、"大量重复建模"、"参建方之间无法实现有效的协同工作"、"无法实现全生命期的信息共享"。

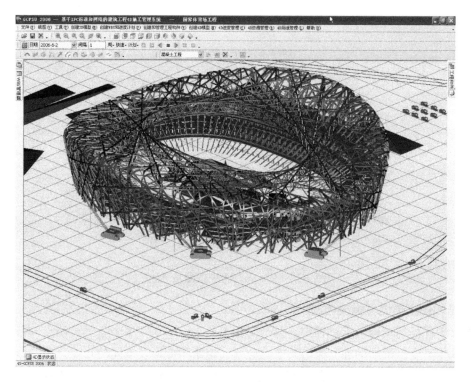

图 2-5　建筑工程 4D 施工管理系统

（2）以项目为载体的信息化建设与应用，造成大量软、硬件及人员的重复投入，随着项目的解体造成大量浪费，相关的投入和数据无法在企业内部进行积累、共享，更无法进行挖掘和进一步的应用。

（3）工程项目建设中的视频监控数据、应力应变传感器数据等无法集成到 BIM 应用平台。

（4）工程项目中大量的人、材、物信息还未实现自动数据化，无法有效地融入信息化系统的管理。

（5）虽然在钢结构、膜结构、混凝土看台板等的施工实现了产业化建造，但在混凝土框架、机电、装饰等还存在大量现场施工和手工作业，如鸟巢混凝土结构施工高峰期达到 7000 人。

（6）从绿色建筑的性能化分析到绿色施工管理，以及建成后的能耗监控等绿色建筑的全生命期管理都需要研究相应的技术支撑。

2.1.4　数字化建造的发展趋势

（1）以 BIM 技术为载体，实现建设全过程的信息共享。BIM 技术的推广与应用，为实现建筑工程数字化建造提供了数据基础。

（2）新兴信息技术的融合使建筑工程向"智慧建造"迈进。智慧建造是一种全面物联、充分整合、激励创新、协同运作的建造模式。随着 BIM、云计算、物联网、大数据等信息技术的日趋成熟，使工程建造向着更加智慧、精益、绿色的方向发展，最终实现真正的数字化建造和智慧建造。

（3）由项目部式管理模式向企业总部集约化管理模式转变。以社会化分工、工厂化加工、精密化测控、机械化安装、信息化管理等为主要特征的数字化建造，需要集约化的管理模式作支撑。项目部式的管理模式已无法适应数字化建造的管理需求，总部集约化的管理将成为主流的管理模式。

（4）基于"互联网思维"的商业模式和产业模式变革。"互联网＋"、"中国制造2025"等展现了中国制造业的宏伟蓝图。互联网与建筑业的融合创新，实现真正意义上的数字建造、智慧建造，必将带来整个建筑业商业模式与产业模式的变革。我们应该带着更加开放的"互联网思维"去迎接数字建造和智慧建造时代的到来。

2.2　智慧建造的概念体系

2.2.1　智慧建造的内涵

智慧建造作为一种新兴的工程建造模式，它是建立在高度的信息化、工业化和社会化基础上的一种信息融合、全面物联、协同运作、激励创新的工程建造模式。目前，行业内对智慧建造还没有一个统一、科学、严谨的定义，我们只能结合当前已有实践与认知情况，对智慧建造给出一个描述性的定义。我们认为：智慧建造是建立在 BIM（＋GIS）、物联网、云计算、移动互联网、大数据等信息技术之上的工程信息化建造平台，它是信息技术与传统建造技术的融合，可以支撑工程设计及仿真、工厂化加工、精密测控、自动化安装、动态监测、信息化管理等典型应用。图 2-6 所示为智慧建造学组定义的智慧建造的模型框架。

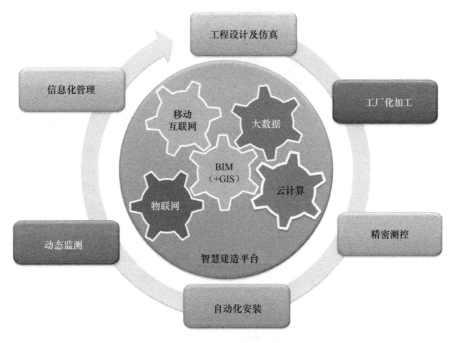

图 2-6　智慧建造的模型框架

在智慧建造的模型框架中，BIM（+GIS）、物联网、云计算、移动互联网、大数据成为智慧建造平台的5大核心支撑技术。其中，BIM（+GIS）是工程建造全过程信息的最佳传递载体，它是实现智慧建造的数据支撑，BIM（+GIS）的核心任务是解决信息共享问题；物联网是以感知为目的，实现人与人、人与物、物与物全面互联的网络，物联网可以解决人、机、料等工程信息自动数据化的问题；云计算是一种利用互联网实现随时、随地、按需、便捷地访问共享资源池的计算模式，它突破了计算机性能和地域的限制，推动工程建造的社会化，实现工程项目参建各方的协同和工程项目按需弹性布置计算资源；移动互联网通过将移动通信与互联网、物联网等结合，提供了实时交换信息的途径，摆脱了空间和时间的束缚；大数据分析给工程建造过程提供智能的决策支持，使工程建造过程变得聪明起来。

在智慧建造平台的外缘，通过BIM、物联网等新兴信息技术的支撑，可以实现工程设计及仿真、工厂化加工、精密测控、自动化安装、动态监测、信息化管理等典型数字化建造应用，如图2-7所示。其中，工程设计及优化可以实现BIM信息建模、碰撞检测、施工方案模拟、性能分析等；工厂化加工可以实现混凝土预制构件、钢结构、幕墙龙骨及玻璃、机电管线等工厂化；精密测控可以实现施工现场精准定位、复杂形体放样、实景逆向工程等；自动化安装可以实现模架系统的爬升、钢结构的滑移及卸载等；动态监测可以实现施工期的变形监测、温度监测、应力监测、运维期健康监测等；信息化管理包括企业ERP系统、协同设计系统、施工项目管理系统、运维管理系统等。

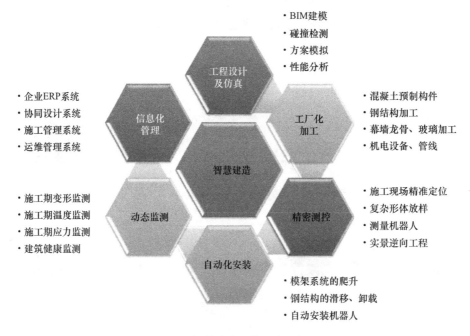

图 2-7　智慧建造的典型应用场景

作为一种新兴的工程建造模式，智慧建造具有以下6大特性：

（1）智慧建造是建筑业现代化的重要组成部分，是从智慧化的角度诠释建筑产业现代化。它与绿色化（绿色建筑、绿色施工）、建筑工业化（住宅产业化）互为补充、相互支撑，共同构筑建筑产业现代化。

（2）智慧建造是创新的建造形式，不仅创新建筑技术本身，而且创新建造组织形式，甚至整个建筑产业价值链。

（3）智慧建造是一个开放、不断学习的系统，它从实践过程中不断汲取信息、自主学习，形成新的知识。

（4）智慧建造是以人为本的，它不仅把人从繁重的体力劳动中解放出来，而且更多地汲取人类智慧，把人从繁重的脑力劳动中解放出来。

（5）智慧建造是社会化的，它克服传统建筑业无法发挥工业化大生产的规模效益的缺点，实现小批量、单件高精度建造、实现精益建造，而且能够实现"互联网＋"在建筑业的叠加效应和网络效应。

（6）智慧建造有助于创造一个和谐共生的产业生态环境。智慧建造使复杂的建造过程透明化，有助于创造全生命期、多参与方的协同和共享，使业主和承包商之间、总包与分包之间形成合作共赢的关系。

2.2.2 智慧建造的技术支撑

1. BIM（＋GIS）

BIM 是以三维数字技术为基础，集成了建筑工程项目各种相关信息的工程数据模型，是对工程项目设施实体与功能特性的数字化表达。一个完善的信息模型，能够连接建筑项目全生命周期不同阶段的数据、过程和资源，是对工程对象的完整描述，可被建设项目各参与方普遍使用。BIM 的可视化、参数化、数据化、可模拟化、可优化的特性让建筑项目的管理和交付更加高效和精益，详见图 2-8。

图 2-8　工程全生命期的 BIM 典型应用

GIS 技术在广域场地应用中，是 BIM 技术有力的支撑和补充。在智慧建造实施的过程中，二者相辅相成。

2. 物联网

物联网是通过装置在各类物体上的各种信息传感设备，如射频识别（RFID）装置、二维码、红外感应器、全球定位系统、激光扫描器等装置与互联网或无线网络相连而成的一个巨大网络。其目的是让所有的物品都与网络连接在一起，方便智慧化识别、定位、跟踪、监控和管理。物联网已渗透入各行业，为智慧城市提供全面的感知和控制网络。

从技术架构上看，物联网可分为 3 层：感知层、网络层和应用层（图 2-9）。感知层由各种传感器以及传感器网关构成，感知层的作用相当于人的眼、耳鼻、喉和皮肤等神经末梢，它是物联网获得识别物体，采集信息的来源；网络层由各种私有网络、互联网、有线和无线通信网、网络管理系统和云计算平台等组成，相当于人的中枢神经系统和大脑，负责传递和处理感知层获取的信息；应用层是物联网和用户（包括人、组织和其他系统）的接口，它与行业需求结合，实现物联网的智能应用。

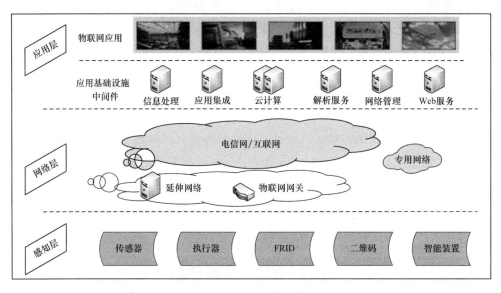

图 2-9　物联网的网络架构

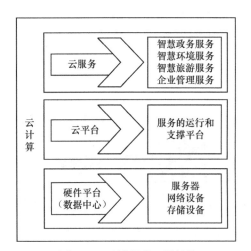

图 2-10　云计算的三层结构

3. 云计算

云计算是一种新的计算方法和商业模式，即通过虚拟化、分布式存储和并行计算以及宽带网络等技术，按照"即插即用"的方式，自助管理计算、存储等资源能力，形成高效、弹性的公共信息处理资源，使用者通过公众通信网络，以按需分配的服务形式，获得动态可扩展信息处理能力和应用服务。

云计算不仅仅只在应用软件层，它还包括了硬件和系统软件在内的多个层次。简单来说，云计算包含硬件平台、云平台、云服务三层，如图 2-10

所示。

硬件平台是包括服务器、网络设备、存储设备在内的所有硬件设施，它是云计算的数据中心；云平台首先提供了服务开发工具和基础软件（例如数据库），从而帮助云服务的开发者开发服务；云服务就是指可以在互联网上使用一种标准接口来访问的一个或多个软件功能（例如企业财务管理软件功能）。

4. 移动互联网

移动互联网（Mobile Internet，简称 MI），就是将移动通信和互联网二者结合起来，成为一体。移动互联网包含终端、软件和应用三个层面。终端层包括智能手机、平板电脑、电子书、MID 等；软件包括操作系统、中间件、数据库和安全软件等。应用层包括休闲娱乐类、工具媒体类、商务财经类等不同应用与服务。

移动互联网整合了互联网与移动通信技术，将各类网站及企业的大量信息及各种各样的业务引入到移动互联网之中，搭建了一个适合业务和管理需要的移动信息化应用平台，能够满足用户需要，并能够提供有竞争力的服务。包括：①更高数据吞吐量，并且低时延；②更低的建设和运行维护成本；③与现有网络的可兼容性；④更高的鉴权能力和安全能力；⑤高品质互动操作。

5. 大数据

大数据是指无法在一定时间内用常规软件工具对其内容进行抓取、管理和处理的数据集合。大数据分析是指对大量结构化和非结构化的数据进行分析处理，从中获得新的价值，具有数据量大、数据类型多、处理要求快等特点，需要用到大量的存储设备和计算资源。

大数据就像人的血液一样遍布智慧交通、智慧医疗、智慧教育等智慧城市建设的各个领域。对大数据进行分类、重组分析、再利用等一系列的智慧化处理后，其结果将为智慧城市建设的决策者提供参考。从政府决策到人们的衣食住行，从创建节约型社会到以人为本，科技惠民，都将在大数据的支撑下走向"智慧化"，大数据真正成为智慧城市的智慧引擎。

2.2.3　智慧建造与智慧城市的关系

随着我国城市化步伐的加速，城市的生态文明建设与可持续发展显得越来越重要，我国政府已将智慧城市建设作为推动城市发展的重要举措。智慧城市建设是指将新兴信息技术广泛应用于城市基础设施以及政治、经济、文化、社会生活等各个领域，使城市变得"聪明"起来。智慧城市的构建要求智能、绿色、宜居的智慧建筑，并要求有一个集约、高效、绿色、智能的智慧建造过程来支撑。

智慧建造的范围分为广义和狭义两类。广义的智慧建造涵盖所有的城市建设行为，也覆盖建筑全生命周期，这其中包括策划、设计、施工、运维等过程。狭义的智慧建造针对的范围是建设施工过程。这两种观念并不完全对立，事实上，广义的智慧建造倾向于从无到有全过程的控制，狭义的观念聚焦于物理实施的过程。

通过对智慧城市与智慧建造进行深入分析后发现，智慧建造与智慧城市的逻辑关系如

图 2-11 所示。首先，从时间维度上看，智慧建造与智慧设计、智慧运维一起作用于建筑物的建造和使用的全过程，使建筑物成为智慧的建筑。再者，从空间的维度去分析，智慧建造的工作载体是智慧建筑，一栋栋的智慧建筑通过各类智能基础设施联系在一起就构成了智慧的社区或园区，而智慧社区或园区在空间上的拓展可以衍生为智慧城市。

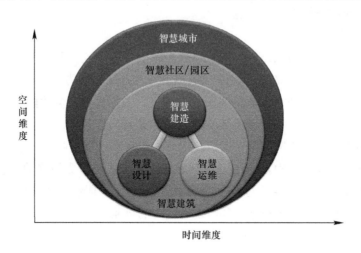

图 2-11 智慧建造与智慧城市的逻辑关系

2. 2. 4 智慧建造的价值点分析

城市的每个建筑是智慧化的，城市的基础设施与建筑的建造过程与运维也是智慧化的，才能有效支撑智慧城市的蓝图实现。智慧建造主要有三个受益主体和服务对象，那就是政府、企业和公众。

1. 对于政府的价值

对于政府来讲，智慧建造提供两方面的价值。一方面，是有效推进了城市管理与服务流程的重塑和优化。智慧建造为政府的监管提供了协同高效的基础性平台，数字化的建筑使得单独的建筑物纳入城市综合管理平台更加快捷方便，让建筑乃至城市的建造过程都能够协同、节能、高效，实现智慧化。可以帮助政府在整个建设过程中，高效协同各个单元、各个单位、不同部门之间的工作，同时可以最终形成一个节能的、绿色的、环保、智能的建筑物，促进城市的运营与服务能力的提升。另一方面，是有效推动了产业科技创新和智能产业的迅速发展。智慧建造是 BIM、物联网和云计算等技术的综合应用的过程，也是先进科学技术被充分应用的过程，在这个过程中，必将极大地促进企业科技创新能力，加快整个行业的转型升级步伐，带动城市经济朝着高附加值的新兴产业转型。

2. 对于企业的价值

（1）对于建造过程的各参与方来讲，智慧建造实现建筑全生命周期的智慧化，让企业各方受益，实现绿色、集约、精益的管理，让工程质量提升，大幅减少资源损耗和降低碳排放，降低成本、减少浪费、减少返工、提高进度。

（2）智慧建造有助于促使企业主动提高自主创新能力和核心竞争力。促进建筑企业加快转变发展方式，由产值和数量扩张型向注重质量的内涵型转变，劳动密集型向科技密集型转变，由速度型向效益型转变，由粗放型向集约型转变。

（3）智慧建造有助于改变我国建筑行业浪费严重的问题，有效实现绿色建筑、绿色施工，推进节能减排，实现企业的可持续发展。

3. 对于公众的价值

智慧建造是保障和改善民生的重要举措之一。建筑与民众生活息息相关，通过智慧建造可以实现智慧建筑、智慧家居、智慧小区，切实改进公众生活方式，为民众提供一个绿色、智能和宜居的建筑环境，提高民众幸福指数，让人们的生活更美好。

2.3　广联达的智慧建造信息化解决方案

实现智慧建造需要信息化手段来支撑，需要结合建筑行业特点和核心业务规划适用的解决方案。广联达的智慧建造信息化解决方案是以 PM（项目管理）为核心，以 BIM 为支撑，以 DM 为持续改进和提升的基础，充分利用云计算和移动应用、物联网等先进技术，实现智慧建造的过程，使建设项目效益最大化，最终实现智慧建筑，即智慧建造信息化应用架构 4MC。如图 2-12 所示，智慧建造信息化应用架构主要包括平台层、应用层、终端层三个层次。

图 2-12　广联达智慧建造信息化应用架构 4MC

31

1. 4MC—PM 项目全生命周期管理（Project Management）

项目管理业务是建筑行业的核心业务，围绕项目开展生产经营和管理活动是建筑行业业务形态的显著特点，如图 2-13 所示。

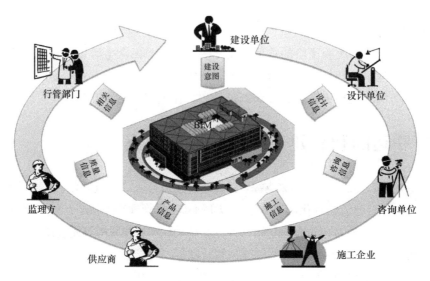

图 2-13　参建各方的项目管理

对于建筑行业，项目管理水平的好坏决定了企业的发展好坏，决定了行业发展的水平，建筑行业的信息化要围绕项目管理（PM）核心业务开展，才能取得价值的最大化。项目管理业务信息化是基于项目全过程的信息化，也是支持集约化经营和精益化管理思想的落地。

2. 4MC—BIM 建筑信息模型（Building Information Modeling）

在项目建设过程中，单独的项目管理系统很难发挥作用，最大的问题就在于缺乏真实、实时的数据支持，数据之间难以建立有效关系。因此需要 BIM 技术及产品的支撑，满足作业层的生产需要，并产生真实有效的基础数据。

如图 2-14 所示，基于项目全生命周期的 BIM 技术应用是以 BIM 服务器为基础，建模为输入，以协同为方向，实现项目各阶段、不同专业、不同软件产品之间的数据交换、集成与共享，为建设项目目标的实现作出有力支撑。

3. 4MC—DM 数据管理（Data Management）

随着项目管理系统和 BIM 技术的深入应用，会产生各种各样的结构化和非结构化数据，面对海量的大数据，如何让这些数据进一步发挥价值，需要进行加工、处理并形成知识进行复用。应该说建筑行业分散性的特点本身，让企业在工作和生产过程中更需要数据的支持和服务，需要复用经验数据，历史案例工程数据等。需要对数据进行科学分析，以辅助工作和决策支持。例如，需要查询和获取市场材料价格，需要获取工程造价指标支持造价估算，通过数据分析找出管理和生产的问题。以此 DM 数据管理系统的支撑是可持续发展的基础，如图 2-15 所示。

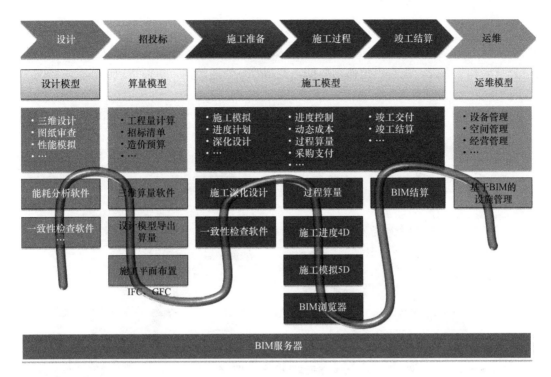

图 2-14 BIM 技术应用

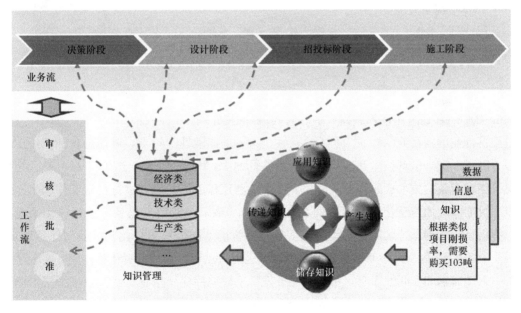

图 2-15 项目全过程的 DM 数据管理

4. 4MC—云平台（Cloud Computing）

各系统中处理的复杂业务，产生的大模型和大数据如何提高处理效率，这对服务器提供高性能的计算能力和低成本的海量数据存储能力产生了巨大需求。通过云计算与信息化系统及软件的整合，使得建筑的建造过程与运维更加便捷、集约、灵活和高效。

云计算是分布式处理、并行处理、网格计算、网络存储和大型数据中心的进一步发展和商业实现。如图 2-16 所示，基于"云"的服务平台、服务模式，让项目参建各方可以通过公有云和私有云，更自由地访问数据，更高效地处理数据，更便捷地协作。

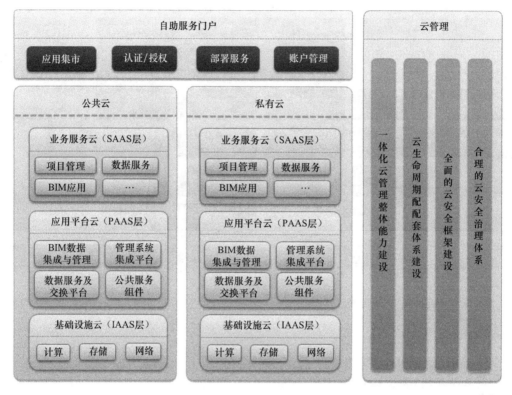

图 2-16 云平台

5. 4MC—移动应用及物联网（Mobile Application）

建筑行业的项目分散性、人员的移动性、管理的离散性等特点，对信息化的应用造成了很多障碍。随着信息技术和通信技术的发展，如 4G 网络的普及，PAD 平板电脑、智能手机等终端设备的技术成熟与普及，企业或个人利用移动终端设备进行日常工作和生产作业成为可能。应用信息化不再受时间和空间限制，施工企业信息化系统通过移动平台建设，将信息化管理系统延展到移动终端上，将传统的"办公室信息化"扩展到任意地点。建筑企业 70% 左右的业务工作都发生在现场，这种特点正与移动信息化相匹配，实现了工作的时效性需求和空间性需求，可以在业务发生之时立即应用信息化解决，决策层可以随时随地移动审批、运筹帷幄，大大提高企业的运作效率和运作质量。

如图 2-17 所示，通过 PAD、手机等移动终端，结合 BIM 技术手段，在 PAD 上进行建筑模型和图纸浏览，进行变更洽商、设计交底、施工指导、质量检查、模型浏览、沟通管理、设施管理等都非常高效。

充分利用物联网技术提高现场管控能力，针对建筑的全生命周期对各阶段、各部位、各实体，通过 RFID、电子标签、测量器、传感器、摄像头等终端设备，实现对项目建设过程和运维管理的实时监控、智能感知、数据采集和有效管理，提高作业现场的管理能力，加强了人与建筑的交互。

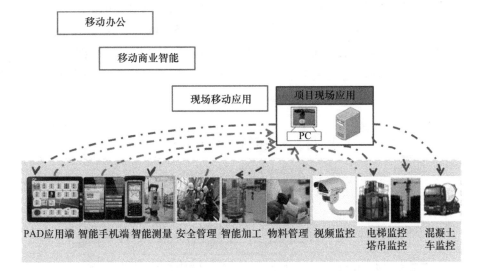

图 2-17　移动应用及物联网应用

2.4　北京槐房再生水厂智慧建造探索与实践

2.4.1　项目背景

北京市槐房再生水厂工程位于北京市南四环公益西桥东南侧，占地约 31 公顷，设计水处理规模 60 万 m^3/d，项目总投资 53.3 亿元，是目前亚洲最大的地下式再生水厂，建筑效果图如图 2-18 所示。在该项目建设初期，我们就引入 BIM（＋GIS）、物联网和移动互联网技术相结合的智慧建造理念，研发了一套基于 BIM（＋GIS）与物联网的再生水厂施工综合管控平台，实现了对施工现场的安全、进度、质量、成本等全方位综合管控，有效地提高利用信息技术进行施工精细化管控的能力。

图 2-18　槐房再生水厂厂区效果图

2.4.2 平台的架构设计

槐房再生水厂施工综合管控平台融合 BIM（＋GIS）、物联网和移动互联网等信息技术，采用面向对象的构架及客户端的技术方法，基于 OSG 的 GIS 引擎和 JAVA EE 开发的管控平台系统。在网络建设方面，采用安全隔离机制，实现内外网数据库交换。本平台系统按照 4 层架构设计：应用表现层、业务逻辑层、资源访问层和硬件层，如图 2-19 所示。

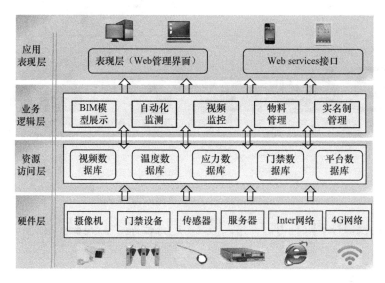

图 2-19　平台的架构设计图

（1）应用表现层：处于平台架构的最顶层，负责提供外部访问接口。使外部程序（浏览器和手机端）能够访问系统业务逻辑功能，应用表现层的所有业务功能均通过调用业务逻辑层接口来实现。

（2）业务逻辑层：主要负责进行 BIM 模型展示、自动化监测、视频监控、物料管理等业务逻辑的计算和处理，以实现具体的业务管理逻辑功能，进行事务控制等操作，并对上层提供完整的业务功能接口。

（3）资源访问层：主要负责从底层获取虚拟化的资源，从特定数据库获取数据，并将数据转换为易于处理的内部对象，供上层更加方便地进行处理，同时实现对网络资源的访问和控制管理。

（4）硬件层：系统平台运行所需的硬件支撑，包括计算机网络、硬件平台、传感器设备、通信设施等基础设施。

2.4.3 应用实践

1. 平台登录

平台可以采用 Web 端和手机 App 移动端两种方式进行访问，通过视频监控、人员管理、物料管理、自动化监测等功能模块，实现现场施工管理信息高度集中化、管理者的移动办公、对项目实时管控和管理历史数据的追溯与查询等。Web 平台首页和手机 App 移动端如图 2-20、图 2-21 所示。

图 2-20 Web 管理平台首页

图 2-21 管控平台手机 App 首页

2. BIM 模型管理

通过 Revit 软件建立水厂项目的 BIM 模型，利用 BIM 与 3DGIS 技术的结合，在管控平台上重构 BIM 模型，并在此基础上进行属性添加、可视化查询、工程漫游、施工方案模拟、工作面管理等 BIM 应用。图 2-22 所示为工程模型的三维漫游。

图 2-22　工程模型的三维漫游

3. 自动化监测

槐房再生水厂的 8 区 MBR 生物池区为大体积混凝土区，需在施工过程中实时监测混凝土的温度和应力，并根据监测结果及时采取控制措施，以防止施工过程中产生温度和应力裂缝。在底板和顶板中，事先预埋了温度和应力传感器，把温度、应力监测仪器回传来的数据实时读取进入物联网平台数据库，在平台 Web 页面和手机端 APP 上实时显示温度、应力的监测曲线和温度差值曲线，如图 2-23、图 2-24 所示。

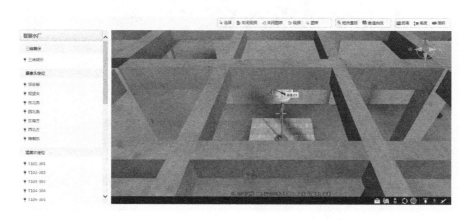

图 2-23　平台上的传感器可视化管理

本平台在图表中自动绘制了黄色预警线和红色预警线，直观展示监测点的温度预警情况，当超过预警线的时候可以短信的方式通知相关人员，如图 2-25 所示。

4. 视频监控

为了实时掌握施工现场的情况，在现场主要出入口、基坑周围、项目部主要位置布设了 24 路视频监控，通过物联网平台 Web 端和手机移动端，可实时访问现场监控视频、控制摄像机转动、变焦、回放等，实现了对建设工地现场无死角的实时监控，如图 2-26 所示。

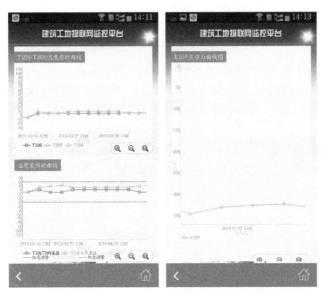

图 2-24　手机端的温度、应力监测曲线图

图 2-25　历史报警数据记录

图 2-26　手机端的视频监控功能

5. 物料管理

利用二维码技术，在每车混凝土的运送料单上打印载有混凝土运送信息的二维码，当运输车将混凝土运达到施工现场时，现场管理人员利用手机二维码扫码 APP 扫描料单的二维码，物联网平台将自动采集混凝土运送信息，实现对混凝土浇筑量的实时、精准统计，如图 2-27 所示。

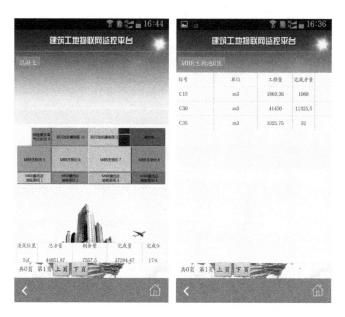

图 2-27　手机端的混凝土完成量统计功能

6. 人员实名制管理

在施工现场基坑的两个出入口安装门禁设备，为现场施工及管理人员每人发放门禁白卡，将白卡与个人身份证绑定，并读取个人身份证信息，在现场施工时，必须持白卡刷卡进出基坑，系统将自动记录其进场、出场时间；同时，系统可以统计当前基坑内的人员数量、实名记录各劳务队的出勤人数。图 2-28 为每日各劳务队的出勤人数统计表。

时间	总人数	桩基施工队	土方施工队	砌建分包队	安装分包队	四川建成	四川建成（杨）	南丘豫兴	安徽中喆	安徽中喆
2015-03-10	344	21	4	13	2	36	37	40	49	30
2015-03-11	474	30	4	14	5	66	44	64	64	66
2015-03-12	541	30	4	14	5	84	64	66	85	65
2015-03-13	629	40	10	14	13	86	66	93	102	64
2015-03-14	680	41	10	14	13	102	85	93	102	70
2015-03-15	734	43	10	14	13	128	85	93	128	73
2015-03-16	803	43	12	14	13	180	85	93	128	80
2015-03-17	905	43	12	14	13	240	110	103	128	85
2015-03-18	958	43	13	14	15	263	126	103	135	90
2015-03-19	988	43	13	14	15	263	126	103	156	98

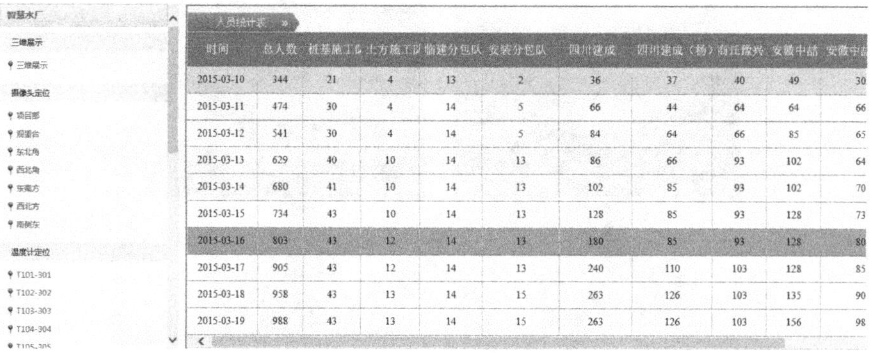

图 2-28　现场人员实名制管理

2.4.4 案例小结

本项目通过集成应用 BIM（＋GIS）、物联网、移动互联网等信息技术，研发了一套大型再生水厂施工综合管控平台，为槐房再生水厂项目的精细化管理与精益建造提供了管理手段和技术支撑。目前，该管控平台正在进行进一步的功能扩展与应用验证。

第3章

基于BIM的工程设计与仿真分析

BIM 技术被认为是继 CAD 之后，工程建设领域出现的又一项重要的计算机应用技术。基于 BIM 的工程设计与仿真分析是实现智慧建造的数据基础，本章对基于 BIM 的工程协同设计方法以及在香港国泰航空货运枢纽港、深圳市创业投资大厦和天津市建筑设计院科研综合楼项目中的 BIM 应用实践进行介绍。

3.1　基于 Revit 的工程协同设计方法

3.1.1　协同设计方式的选择原则

熟悉 Revit 软件的设计师、软件工程师都知道，Revit 软件提供了两种协同设计方式：Revit 工作集和 Revit 链接。在项目设计开始之前，一些设计师往往纠结自己的项目应该选择哪种协同设计方法。这两种协同设计方式不是相互对立、二选一的关系，而是相辅相成的。一般情况下，在 Revit 设计项目中，都遵循以下 Revit 协同设计原则。

1. 专业内协同设计方式

可根据项目情况选择不同协同设计方式：

（1）超小型项目、单兵设计：Revit 单一项目文件方式即可。

（2）中小型项目、多人设计：首选 Revit 工作集方式，必要时辅以 Revit 链接方式。

（3）中大型项目、多人设计：首选 Revit 链接方式，并辅以 Revit 工作集方式。

2. 专业间协同设计方式

可根据项目和团队情况选择不同协同设计方式。

（1）一般情况下：首选分专业 Revit 链接方式，且链接的是其他专业的阶段性备份 Revit 项目文件，而不是其当前工作的 Revit 项目文件。

（2）非常成熟且管理能力较强的 BIM 团队：可考虑建筑结构土建一体化设计模式、水暖电机电一体化设计模式，此时建筑结构专业间、水暖电专业间采用 Revit 工作集方式，但土建和机电专业间依然为 Revit 链接方式。

（3）超小型项目、小团队设计：可考虑全专业一体化设计模式，即全专业在一个模型文件中，采用 Revit 工作集方式（前提是有全专业一体化设计的 Revit 样板文件）。一般不建议此种工作方式。

3.1.2 大型建筑项目 Revit 协同设计实践

某商业综合体超高层项目总建筑面积约 20 万 m^2，地下 4 层、地上 63 层，建筑高度 250m。建筑外立面为玻璃幕墙设计，造型规整，无复杂曲面。根据项目业主要求，本项目将由建筑、结构、机电专业设计师采用 BIM 设计方式完成初步设计、施工图设计全过程，并按时、保质提交相应设计图纸产品和 BIM 设计成果。

1. 协同设计方式的选取

综合考虑本项目规模较大、功能区划分清晰等项目特点，结合业主全专业、全过程的 BIM 设计要求，参与设计的设计师团队人员较多，以及本院 BIM 设计团队的人员和成熟度等情况，我们在本项目中选取 Revit 软件为 BIM 主设计平台，并采用专业内协同首选 Revit 链接方式，专业间协同首选工作集方式的协同设计模式。即在本专业内首先根据项目特点将模型拆分为多个 Revit 模型文件，模型文件之间通过 Revit 链接方式组装为各专业的完整项目模型。同时，在单个 Revit 模型文件内，多名设计师可以通过 Revit 工作集方式实现实时协同设计。在专业间协同设计时，建筑、结构专业设计师在同一个 Revit 模型文件中通过 Revit 工作集方式实现实时协同设计；水暖电专业分别在各自不同的 Revit 模型文件中完成本专业设计工作，专业之间通过 Revit 链接方式协同工作。

2. 模型拆分与工作集的定义

按照 3.1.1 节所述的协同设计工作方式，本项目按以下方法进行模型拆分、工作集设置和模型链接。

（1）模型拆分定义

土建专业模型拆分，从下往上拆分为地下室（B1-4）、商业加办公（F1-22）、公寓加酒店（F23-61）、建筑立面共 4 个 Revit 模型文件，如图 3-1（a）所示。机电专业模型拆分，优先考虑纵向各功能区机电系统的完整性，其次参照土建专业的纵向拆分规则，以及机电各专业设计师的工作分工方式，因此最终机电专业拆分为 9 个 BIM 模型文件，如图 3-1（b）所示。

（2）工作集的定义

1）建筑专业工作集设置：本项目中建筑专业的地下室由两位建筑设计师共同设计，商业、办公、公寓、酒店、建筑立面分别由 1 位建筑师为主设计，各拆分模型的工作集设置如下：①地下室 XXX-AS-Undergrand. rvt：按楼层分为 A-B1B2-内墙及门窗、A-B3B4-内墙及门窗、A-B-核心筒、A-B-卫浴车位及其他等工作集。②商业及办公 XXX-AS-Business and Office. rvt：按功能区及构件类别分为 A-BU-内墙及门窗、A-BU-核心筒、A-OF-内墙及门窗、A-BU-OF-厨卫、A-BU-OF-家具及其他等工作集。③公寓及酒店 XXX-AS-Apartments and Hotel. rvt：按功能区及构件类别分为 A-AP-标准层、A-HO-标准层、A-AP-HO-厨卫、A-AP-HO-家具及其他等工作集。④建筑立面 XXX-AS-Elevation. rvt 工作集：按功能区及立面变化分为 A-BU-E、A-OF-E、A-AP-E、A-HO-E 等工作集。

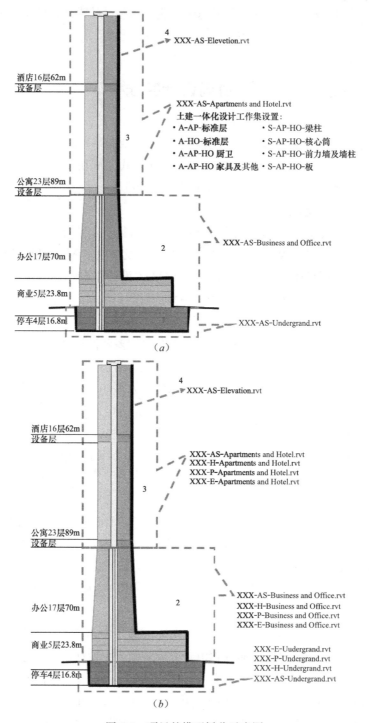

图 3-1 项目的模型拆分示意图

（a）土建专业内模型拆分；（b）机电专业模型拆分

2）结构专业工作集设置：本项目中结构专业的地下室、商业及办公、公寓及酒店将分别由 3 位结构设计师为主设计，各拆分模型的工作集设置如下：①地下室 XXX-AS-Undergrand. rvt：按构件类别分为 S-B-梁柱、S-B-核心筒、S-B-剪力墙及墙柱、S-B-板、S-B-基础等工作集。②商业及办公 XXX-AS-Business and Office. rvt：按功能区及构件类别分为 S-BU-OF-梁柱、S-BU-OF-核心筒、S-BU-OF-剪力墙及墙柱、S-BU-OF-板等工作集。③公寓及酒店 XXX-AS-Apartments and Hotel. rvt：按功能区及构件类别分为 S-AP-HO-梁柱、S-AP-HO-核心筒、S-AP-HO-剪力墙及墙柱、S-AP-HO-板等工作集。

3）暖通专业工作集设置：本项目中建筑专业的地下室、商业及办公、公寓及酒店部分将分别由 1 位暖通设计师为主设计，各拆分模型的工作集设置如下：①地下室 XXX-H-Undergrand. rvt：按系统分为 M-B-风系统、M-B-水系统、M-B-消防等工作集。②商业及办公 XXX-H-Business and Office. rvt：按系统分为 M-BU-OF-风系统、M-BU-OF-水系统、M-BU-OF-消防等工作集。③公寓及酒店 XXX-M-Apartments and Hotel. rvt：按系统分为 M-AP-HO-风系统、M-AP-HO-水系统、M-AP-HO-消防等工作集。

4）水专业工作集设置：按照暖通专业的设置规则，3 个模型文件按系统分为给水排水、自喷淋、消火栓等工作集。

5）电专业工作集设置：按照暖通专业的设置规则，3 个模型文件按照子系统分为照明、电力、消防等工作集。

（3）模型链接关系定义

对于土建专业整体模型，在 4 个土建模型文件中，以商业及办公 XXX-AS-Business and Office. rvt 为主模型，链接其他 3 个文件，组装完整项目模型。对于机电专业模型，以商业及办公 XXX-H（或 P、E）-Business and Office. rvt 为主模型，链接其他 3 个文件，组装各专业完整项目模型，并通过发布坐标方式锁定模型之间的相对位置关系，如图 3-2 所示。

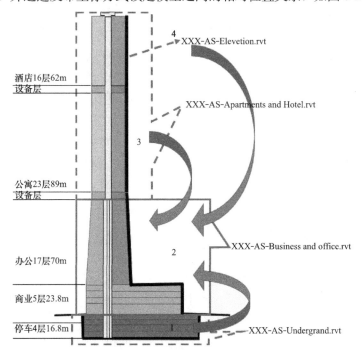

图 3-2 项目的模型链接关系定义

3.1.3 基于 Revit 的协同设计要点总结

除上述 Revit 协同设计工作方式外，Revit 协同设计还需要特别关注诸多要点，才能真正实现高效、高质的协同设计。本节结合笔者的工程实践，对基于 Revit 的协同设计要点总结如下。

（1）统一的样板文件、族文件、命名规则等技术标准。大型项目按前述规则拆分后的多个 BIM 模型，将由多名设计师在多个文件中独立、交叉完成所有设计。为保证项目团队、特别是本专业团队的设计标准化，提高设计效率和质量，需要本专业设计师使用统一的样板文件、族文件、命名规则等。

（2）统一的轴网、标高、共享坐标等定位体系。由于轴网、标高、共享坐标等定位体系不仅影响了 BIM 设计过程中的大量 BIM 设计模型之间的自动链接定位，更重要的是决定了视图中的坐标类尺寸标准的值，以及导出 Navisworks 作全专业管线综合时的模型定位和管综结果等。因此，建议所有专业一律以建筑专业创建的轴网、标高、共享坐标为定位参考，通过获取坐标的方式，锁定各专业所有模型之间的相对位置关系，实现自动链接定位。

（3）专业间模型纵向拆分规则尽量统一。前述超高层项目除建筑专业的外立面模型文件外，其他 3 个模型文件和机电专业的 3 个模型文件的拆分规则保持了一致，这样各专业设计师在需要查看或链接其他专业文件作为底图设计时，只需要链接同样部位的模型文件即可，在导出 Navisworks 做全专业管线综合时也可以自动定位，且可以随时打开局部完整模型进行项目协调，减少计算机运行负担，提高工作效率。

（4）保持合理的工作集数量。因为在 BIM 设计过程中，设计师需要根据设计内容在不同工作集之间切换，以保证把不同的设计内容放置到对应的工作集中，以此实现设计管理、编辑权限的控制。由于误操作可能会把设计内容放到别的工作集中，在后续的工作中就需要花大量的时间来进行纠正；如果把设计内容放到了别人的工作集中，则会因为编辑权限问题极大地降低工作效率。因此原则上每人拥有 2～3 个工作集为最佳。

（5）特别注意链接 Revit 时的"参照类型"中"附着"和"覆盖"的区别：尽量选择"覆盖"，避免循环链接（确有多层嵌套链接的情况除外）。BIM 设计过程中，专业内各模型间、各专业模型间经常要互相链接，以方便协同设计。而"附着"参照模式，可以在主模型中看到其链接文件中的链接文件（第 3 层链接，此链接可能是主模型自己，或主模型中其他已经链接的第 2 层链接模型），因此将导致重复链接、循环链接，极大地降低计算机操作性能。而"覆盖"参照模型只显示第 2 层链接。

（6）根据自身团队情况，合理选择链接实时设计 Revit 中心文件，或阶段性备份 Revit 中心文件。如前所述，链接实时设计 Revit 中心文件，需要设计团队具备很强的设计管理能力和成熟的 BIM 设计工作经验，否则将严重影响团队的工作效率。

（7）充分发挥 Navisworks 软件和 Revit 设计软件的设计配合作用。Navisworks 软件和 Revit 设计软件是建筑 BIM 设计的最佳搭档，在管线综合、项目协调等方面 Navisworks 模型效率更高。

3.2　国泰航空货运枢纽港项目的 BIM 应用

3.2.1　项目概况

香港国泰航空货运枢纽港项目配属于香港国际机场,该货物中转港是一栋 8 层钢筋混凝土结构(图 3-3),设计货物年吞吐能力 260 万 t。

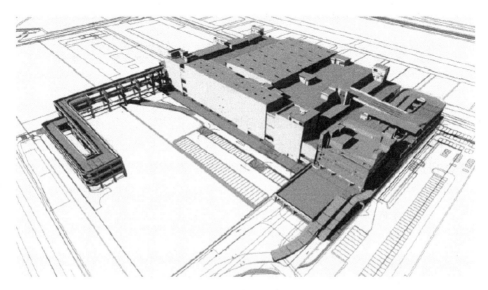

图 3-3　国泰航空货运枢纽港项目的整体模型

此 BIM 项目由于率先于全国应用 BIM 理念进行完整的设计-施工-安装流程,因此本案例分析围绕以 InteliBuild 为主的 BIM 顾问团队的工作活动而展开。其在本项目进程中向所有项目参建方提供一个广泛、通用、可共享的虚拟设计,以及施工平台和完整的跟踪咨询服务。这些服务内容包括:2D 线条与 3D 模型的转换、建筑模型渲染、BIM 工作组的协调、冲突检查、效率与环境分析(LEED analysis)、4D(3D+时间)、5D(4D+成本模拟)和 6D(5D+运营维护管理)。

3.2.2　项目的 BIM 实施策划

1. BIM 实施的组织架构

在项目概念化设计阶段,由于业主需要将项目信息与工程设计参与企业交互,而双方又在业务层面上产生较大背景差异,因此,InteliBuild(BIM 项目流程管理者)建立起一套范围较小但更适合跨领域企业际之间的信息传递平台进行项目初始信息传递(图 3-4)。

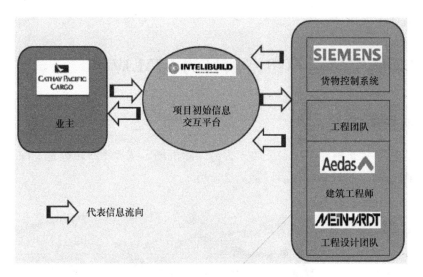

图 3-4　概念化设计阶段的项目信息交互

　　在方案设计阶段，模型化信息的比重逐渐增大，各工程团队开始着手建立起围绕自身业务发展的 BIM 模型规划及模型架构，工程专业信息与技术参数开始相互整合。InteliBuild 在此阶段进行数据收集，一方面，建立 BIM 电子数据库用于设计进程中各专业的数据的集中存取（图 3-5）；另一方面，InteliBuild 为所有参与企业建立统一的 BIM 实施导则与行为规范，在设计内容、模型标准一致的前提下为企业建立跨企业组织的数据交互平台。

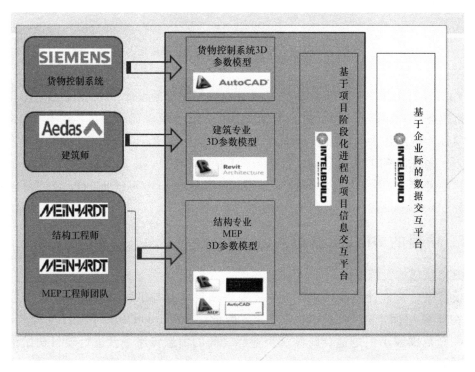

图 3-5　方案设计阶段的项目信息交互

其中，基于项目阶段化进程的项目信息交互平台有 InteliBuild 的 Innovaya 与 Project-Wise（PW）平台对项目信息进行整合；而基于企业间的数据交互平台则由先前制定的各企业交付标准文件，进行各参与企业对自身项目的活动的统一行为规范与信息标准的要求，从而完成项目的持续性与信息的兼容性。

在模型化信息辅助施工阶段，Gammon-Hip Hing 作为施工总承包商，在 InteliBuild 的协助下进行施工方与业主对接平台的建立。其中，合同与非合同模式下的协作关系在图 3-6 中呈现。所有合作模式中的信息流在此阶段中完全以电子模型的信息展示，末端施工队会直接应用便携式信息终端完成施工与构件安装。

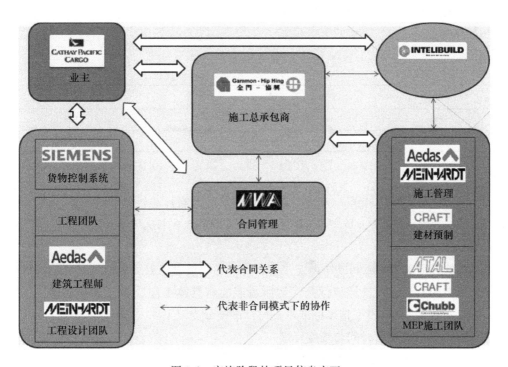

图 3-6　实施阶段的项目信息交互

2. BIM 建模标准

模型的建设与共享标准主要是保证项目信息在跨专业与企业间传递时的统一性与标准性，这种规范确保了各单位间信息的准确，又不会受格式相互转换所产生的信息失真的影响。这些标准分为以下 4 大方面：

（1）3D 模型文件命名标准

① 由专业类别命名；

② 由模型（软件）类别命名；

③ 由不同工作区域命名。

（2）定义 BIM 建模工作任务

① 完成 Revit 建模并确保实时更新；

② 确定设计冲突并同步上传到"冲突变更矩阵";

③ 完成附带报告撰写（见交付标准中"技术报告交付"）或提资。

（3）模型建设深度的定义

① 建立 LOD 200 与 LOD 300 建模清单；

② 由 BIM 成熟度标准建立模型进度表。

（4）族的命名

① 命名规则：

Family Type _ Level _ Component _ Property。

即：族类型-楼层-构件简称-属性参数。

② 族名简称：

如：

WL	Wall	译："墙"
DR	Door	译："门"
WD	Window	译："窗"

③ 示例：

WL _ B04 _ EXT _ 250mm（在 B4 层 250mm 厚的外墙）。

CO _ B04 _ 2000 * 1000mm（在 B4 层 2000 * 1000mm 的柱）。

3. BIM 交付标准

交付物的标准由 InteliBuild 协助业主起草并与各项目参建方完成修订。此标准的确立规范化了各方间由于意识差异与行业代沟所造成的对具体工作成果认识上的差异，结合 BIM 成熟度标准与 LOD 模型精度标准，交付标准被分为以下四大类：

（1）BIM 模型的交付时间与精度标准

1）设计阶段的模型交付时间与项目总进度保持一致。

2）模型的精度在进度上与 BIM 成熟度标准一致，在具体阶段的建模中，与 LOD（Level of Detail）精度等级一致，并最终在施工配合阶段达到 LOD 300。

（2）漫游动画的交付

1）概念化阶段的漫游动画以 LOD 200 为基础。

2）在施工配合阶段，漫游动画将和具体算量信息进行整合，并以 LOD 300 为基础进行进度模拟并配合施工方完成构件安装。

（3）概念化设计、方案设计最终需进行纸质图纸出图。

（4）技术报告交付

1）在方案设计阶段与施工模型深化阶段，各方进行统一协调完成任务报告汇总。

2）报告包括（pdf 或 docx 格式）：①设计碰撞报告；②设计变更报告；③设计与模型整合阶段任务书；④工程进度报告；⑤算量需求报告；⑥成本控制报告；⑦月度总结报告。

4. 软件的选取

在设计之初，以 Revit 为主的水、暖、电系统建模软件还并未成熟，所以软件应用分为以下四个领域：

（1）各专业主要依靠 AutoCAD MEP 的 3D 模型完成业务整合，西门子的废弃物管理系统也将统一由 CAD 进行规划。

（2）对于更复杂的建筑与结构专业模型将会由 Revit 完成模型与参数整合。

（3）在现场施工阶段，Tekla Structure 被用于 InteliBuild 对混凝土土方量的预测与跟踪。

（4）在设计协同阶段，Navisworks 会为各专业设计工程师提供一个跨专业设计碰撞检查平台，其中升级后的现场施工模型也会被导入该软件系统，以便为 ARUP、Meinhardt、Aedas、Gammon 和 Hip Hing 的施工进度控制进行跟踪模拟。

3.2.3　项目的 BIM 应用实践

1. 建筑方案比选

InteliBuild 负责对项目设计的整体流程进行把控。作为货物枢纽港，项目内部设计工作首先伴随着西门子公司的货物控制系统的布置而展开，技术参数由西门子完成量化分析并嵌入到模型中完成动态模拟，而作为项目的共同参与方和使用者，Cathay Pacific Airways、香港海关等非工程专业方则通过可视化数据平台完成项目远程审查。其次，货运港外部与内部的车流中转信息由 Virtual Environment 和 Vasari 软件相结合，这些客观的环境因素包括香港特殊的天气状况、城市路况、货物总数/吨位、大宗货物进/出港的交通状况等，所有资料都先由香港机场货物统计部门在经过对以往近五年数据规整的前提下，对未来近十年的货物流转趋势作出估计并给出报告书，然后该报告用于设计师进行围绕以货物运输线为主的建筑方案推敲，并完成项目概念设计。图 3-7 所示为基于量化分析的幕墙方案对比。

2. 建筑环境模拟

在建筑总体方案确定之后，更具体的建筑全专业设计基于概念设计与建筑性能分析完成深化，如图 3-8 所示。此时政府倡导货运港功能属性主体不变，在此基础上完善办公区域的整合设计。区别于货物转运区，政府部门办公区主要涉及人性化与节能化，因此规划师与设计师以 AutoDesk 公司软件及 IFC 文件为数据载体，通过 Revit 的体量推敲与 Ecotect 的模型分析进行项目方案的最终确定。

3. 设计与施工协调

借助于 Revit 对建筑、结构专业的模型建设，该项目的混凝土框架结构会紧跟着建筑与结构对模型针对现场施工环境逐步进行优化而完成运送与吊装。混凝土供应商虽然并没有直接并入项目团队架构中，却通过 Innovaya 平台与 Meinhardt 和 ARUP 进行依据于成本管理而共同制定建筑建材供应进度安排。对于一些未有能力进行软件操作的建材供应商，InteliBuild 通过对整个建设团队整合，即与供应商项目负责人代表共同办公，在大会议室中共同完成设计阶段规划、头脑风暴，并在施工现场负责设计—施工—建材供应相协调。

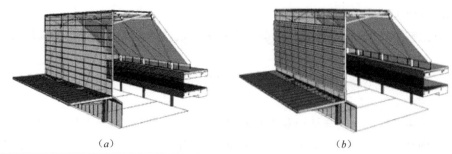

(a)   (b)

	全玻璃幕墙方案	石材幕墙方案
窗墙比（南）	0.83	0.29
屋顶透明部分比例	0.30	

比较方案	透明幕墙		屋面	外墙	天窗	
	传热系数K W/（m²·K）	夏季综合遮阳系数SC_w	传热系数K W/（m²·K）	传热系数K W/（m²·K）	传热系数K W/（m²·K）	夏季综合遮阳系数SC_w
全玻璃幕墙方案	≤2.2	≤0.30	≤0.40	≤0.70	≤2.5	≤0.30
石材幕墙方案	≤3.2	≤0.45				

比较方案	玻璃幕墙选型	热工性能指标达标情况	
		传热系数K W/（m²·K）	夏季综合遮阳系数SC_w
全玻璃幕墙方案	隔热金属型材多腔密封窗框K≤5.0 6mm中等透光反射low-E+12氩气+6mm透明	K≤2.2 √	SC_w≤0.5 ×
石材幕墙方案	隔热金属型材窗框K≤5.8 6mm中等透光反射+12空气+6mm透明	K≤3.1 √	SC_w≤0.34 √

比较方案	透明幕墙		石材幕墙		铝板幕墙		总计
	m²	造价	m²	造价	m²	造价	万元
全玻璃幕墙方案	8376	2200	/	/	1594	1600	2098
石材幕墙方案	2970	1500	5406	2000	1594	1600	1782

注：该比较不计入轻钢雨篷、轻钢屋面、玻璃天栅、钢结构等。

图 3-7　基于量化分析的幕墙方案对比

（a）全玻幕墙方案；（b）石材幕墙方案

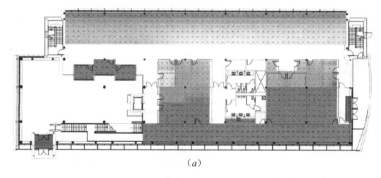

(a)

图 3-8　项目的办公区建筑环境模拟（一）

（a）香港均温环境下的办公室温度效果模拟

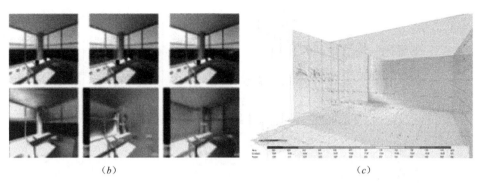

图 3-8　项目的办公区建筑环境模拟（二）

（*b*）日照采光及日光温度模拟；（*c*）自然风流及风速模拟

对于相对较晚施工的给水排水、暖通专业以及建筑电气系统，设计与施工冲突会被更新后的 Revit 软件进行数据与模型整合完成碰撞检查。

4. 冲突检查与更新管理

对各专业设计图纸的整合与可视化分析，是以 3D 为基础的 Revit 软件给予 BIM 实践者最为直观的共享式变更模式。如图 3-9 所示，首先电子模型按区被划分为九大场地，而 Tekla 模型可以达到指定运算速度，从而可以将其整体导入 Revit 来检查和验证局部的修改对整个项目结构的影响。

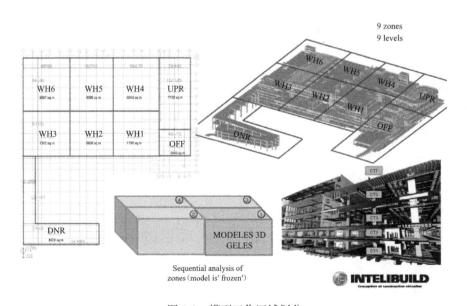

图 3-9　模型工作区域划分

完成区域划分后，InteliBuild 建立起一套设计冲突检查标准——"clash tolerance matrix"——"冲突变更矩阵"，来规范专业间设计碰撞等级、种类、优先变更冲突点并实时反馈冲突信息状态（图 3-10）。其中矩阵横排和列分别是设计碰撞所涉及的专业、具体模型构件，C 和 H 代表模型是否被成功修改。

Clash Tolerances	STR Cols & Walls	STR Beams & Framing	STR Foundations	STR Slabs	ARC Walls	ARC Facades	ARC Components	Drainage	HVAC	Electrical	Fire Protectoin
ARC Internal Walls	01 / 10H	02 / 10H	N/A	N/A							
ARC Facades	03 / 10H	04 / 10H	N/A	N/A							
ARC Components	05 / 10H	06 / 10H	N/A	N/A							
Drainags	07 / 50C	08 / 50C	09 / 75C	N/A	19 / 50C	20 / 50C	21 / 50C				
HVAC	10 / 50C	11 / 50C	N/A	N/A	22 / 50C	23 / 50C	24 / 50C	34 / 75C			
Electrical	12 / 50C	13 / 50C	N/A	N/A	25 / 50C	26 / 50C	27 / 50C	35 / 75C	36 / 75C		
Fire Protection	14 / 25C	15 / 25C	N/A	N/A	28 / 25C	29 / 25C	30 / 25C	37 / 75C	38 / 75C	39 / 75C	
Plumbing	16 / 50C	17 / 50C	18 / 75C	N/A	31 / 50C	32 / 50C	33 / 50C	40 / 75C	41 / 75C	42 / 75C	43 / 75C

C=Clearance Check　　H=Hard Clash Check

图 3-10　冲突变更及跟踪矩阵

3.3　创业投资大厦项目的 BIM 应用

深圳市创业投资大厦位于深圳市高新园区的南部,建筑高度 202.4m,总建筑面积 9.35 万 m²,地下 3 层,地上 44 层的超高层甲级办公楼,是集办公、创业投资和配套服务于一体的投资中心,如图 3-11 所示。

图 3-11　创业投资大厦的建筑效果图

3.3.1　项目的 BIM 应用策划

创业投资大厦项目的 BIM 咨询策划工作开始于 2013 年 4 月。在项目的实施过程之初,在项目建设方的主导下,于项目现场组建了由项目各参建方组成的 BIM 工作组,筑博 BIM 咨询为工作组使用 BIM 技术做培训工作。而在项目实施的中间过程,筑博 BIM 咨询团队通过每周 1 次 BIM 专题会,提供 BIM 工程师驻场服务等手段,及时有效地反馈项目问题并解决各参建方的需求,最终将信息整合并维护到 BIM

模型中。依据本项目各专业、各参建方的不同需求，提供涵盖整栋建筑设计模型、管线综合施工模型、屋面钢构方案对比模型、制冷机房整改模型、双曲弯扭菱形玻璃加工模拟模型、大堂精装模型等服务。通过对模型信息的有效管理，将模型信息进行有效的利用，为本项目在提高工作效率、控制项目成本以及提高项目的实施质量上做好坚实的基础。筑博BIM咨询在为业主制定BIM标准、规划、管理、模型数据准确、安全的同时，也为项目本身创造了更大的价值。

3.3.2　项目的 BIM 应用实施

1. 工程设计与优化

本着节约业主投资、优化建筑性能的理念，通过 BIM 自身对建筑局部的细节推敲，迅速分析设计和施工中可能需要应对的问题。发现该栋建筑的外圈钢构顶部的皇冠部分存在优化的空间，进而提出以下两种对比方案，如图 3-12 所示。

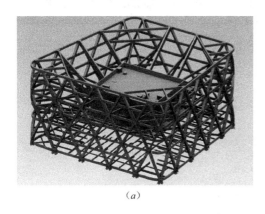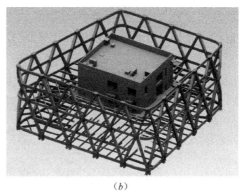

(a) (b)

图 3-12　外圈钢构顶部设计方案对比
(a) 2层X形钢结构；(b) 1层X形钢结构

通过为业主提供 BIM 模型实时浏览对比，并提供各个角度的渲染图以便为业主对比提供依据。由于最顶部的 X 节点钢构的建筑高度约为 200m，而且为钢结构＋混凝土结构，且最顶部的钢构只能依托建筑屋面的斜撑，这就给施工造成了较大的困难，而且方案 1 中的斜撑很多，给视觉造成一种凌乱的感觉。相比之下，方案 2 减少了大量的斜撑，降低了施工难度，并能满足结构受力要求，整体给人一种视觉上的简洁之美。当 BIM 团队将这两种对比方案提交给设计、业主作抉择的时候，业主一致认为方案 2 无论是视觉上还是造价上都更具可行性，通过实践检验，方案 2 既加快了工程进度，也为业主节省了 200 多万元的投资，通过 BIM 手段可以让项目投资方快速直观地评估建筑投资方案的成本和时间，并在与设计师在设计的空间理念、安装细部节点进行评估的过程中，大大提高了互动效应，最终为业主、设计达成共识奠定了基础。

2. 管线综合设计

管线综合在创投项目中，BIM 应用虽很基础却发挥着巨大的作用，发现并处理掉

3500余处管道交叉碰撞问题（这里包含有一些小的交叉碰撞问题）。其中发现无法达到净高40余处，管道尺寸、系统、走向有误80余处，通过调整管道尺寸、设计思路、管道系统走向，局部复杂节点还需限定设备采购的尺寸，以此来满足设计要求，并最终节省了300多米的管道长度。

在管线综合具体工作中值得一提的就是制冷机房的优化工作，原有的设计图纸存在以下问题：设计净高不足、分集水器与系统管道的连接有误、设备基础的布置有误、维护通道不足、主机管道布置未考虑设备本身的特征导致冷却、冷冻管道无法安装、检修空间不足、设计定位标注及大样图均存在较大偏差、各个专业图纸吻合度差等问题，导致创投项目的制冷机房十分狭小，在不影响建筑功能的条件下，外移建筑墙体400mm以增加检修空间，机电管线在走向，管线次序、设备位置、水泵位置均做了较大调整，由于机房净高过低，所有主机均按照施工方拟采购的设备进行校核，筑博BIM咨询提供了两种BIM模型方案供各方选择，经过多次BIM专题会将机房BIM模型修正方案最终确定。BIM团队介入项目的时间正好为机房预留预埋的施工工作，我们在第一时间发现了问题并做到及时反馈，及时让施工停止前期基础预埋工作，改为机房深化方案确定后采用后期浇筑的方式，避免了错误设计造成的错误施工及返工，有力地保证了项目各阶段工作顺利开展，见图3-13。

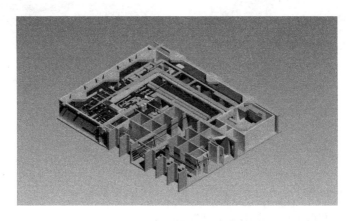

图3-13　创投制冷机房模型

3. 施工方案模拟

借助BIM对施工组织的模拟，项目管理方能够非常直观地了解整个施工安装环节的时间节点和安装工序，并清晰把握安装过程中的难点和要点，施工方也可以进一步对原有安装方案进行优化和改善，以提高施工效率和施工方案的安全性。项目BIM团队按照施工方的安装顺序，将核心筒结构施工、外框筒钢结构施工、组合楼板施工、混凝土结构施工的先后节点，以及复杂的钢结构安装节点进行模拟，来直接进行对施工班组的工序交底工作，见图3-14。

图 3-14　创投施工组织模拟

3.4　基于 BIM 的绿色建筑数字化设计实践

天津市建筑设计院（以下简称"天津院"）新建科研综合楼是集研发、接待、会议、办公和设备用房于一体的综合楼。主要目的是提升天津院科研办公条件，为研发人员提供一个舒适、便捷的办公环境，使其成为一个舒适、绿色、低碳的绿色建筑。

此项目是天津院自主设计、自主施工、自持运营的建筑总承包项目，建筑设计要求精密、工期紧张、建设项目总成本要求精细化控制。设计中遵循最大限度地节约资源和保护环境的原则，因地制宜地将绿色建筑的设计理念贯穿在设计的全过程，项目定位为高标准的绿色建筑：国家三星绿色建筑、美国 LEED 金奖认证、新加坡 Green Mark International（for China）白金奖认证（图 3-15）。

鉴于以上要求，天津院决定将此项目通过 BIM 技术完成，从而优化设计质量、提高施工效率、缩短施工时间、节约成本，并为未来利用 BIM 技术对建筑进行运营维护留下接口及信息。工程共分两幢建筑，场地的南侧布置"L"形科研楼，北侧现有的 B 座办公楼拆除后兴建停车楼，尽最大可能保留现有中心绿地。科研楼主要功能：地上为研发部、设计部、办公用房、接待室、会议室等，地下为附属用房及设备用房。主体为地上十层，地下一层。结构形式为框剪结构体系。主体

图 3-15　科研综合楼

建筑高度为 45m。综合楼地上主要功能为机动车、非机动车的存放，地下平时作为机动车停车，战时为五级人防。地上四层，地下一层，其结构形式为钢结构体系，建筑高度为13m，总建筑面积 3.16 万 m^2。

建筑的造型设计力求体现朴素、大方、简约、现代的建筑风格，与周边已有建筑取得

良好的协同与呼应，将建筑节能与绿色建筑的理念融入设计中，努力实现建筑与环境和谐共生的可持续发展，实现建筑美感与功能需求的和谐统一。

3.4.1　概念设计阶段

在案例项目中，由于建设环境空间紧张，在前期规划阶段因过于紧张的外部条件和高标准的绿色建筑要求，唯有使用可以量化的依据确定建筑的位置及形体。项目利用 BIM 技术对建筑场地进行了以下多项分析比较，最终根据分析结论在满足规划要求的基础上，确定了建筑位置及形体。

（1）将复杂的场地环境制作成数据模型，导入流体力学软件进行风环境分析模拟。分析结果显示，场地风环境满足"绿建"要求，但场地风速过低，不利于建筑过渡季的自然通风，如图 3-16 所示。

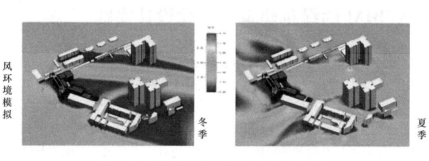

图 3-16　利用 BIM 模型进行场地风环境模拟

（2）利用场地模型，进行太阳辐射分析模拟。分析结果显示，场地受周围建筑遮挡严重，太阳辐射量呈南北梯度分布，冬季尤其明显，如图 3-17 所示。

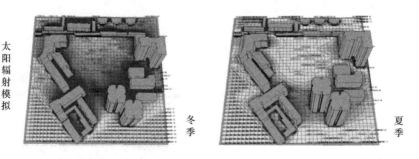

图 3-17　利用 BIM 模型进行太阳辐射模拟

（3）利用分析模型，对于北侧居住建筑进行了日照遮挡分析，用于指导建筑物的规划布局设计，如图 3-18 所示。

最后，根据以上分析结论，设计师对场地环境的优势和劣势进行总结，并结合规划部门要求、分期建设等多方面因素，得出较为合理的建筑形体，如图 3-19 所示。在此过程中，同时对所选择的建筑形体的自身优缺点进行了分析，从而为方案设计后续工作提出了优化要求。

3.4.2　方案设计阶段

在案例项目中，方案阶段借助 BIM 技术进行了一系列组织空间、确定和优化建筑风格等设计工作。

（1）此项目是天津院为自身员工量身定做的科研办公楼，所以要求空间分配与院部门构成紧密结合。在方案设计过程中，充分利用信息模型对体块进行推敲并快速得出平面空间分配数据，并在确定空间分配的设计过程中，通过 BIM 技术实现了数据与模型的实时交互调整，极大地提高了设计工作效率和设计质量，如图 3-20 所示。

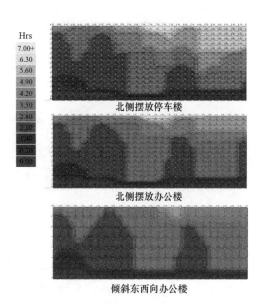

北侧摆放停车楼

北侧摆放办公楼

倾斜东西向办公楼

图 3-18　利用 BIM 模型进行日照分析

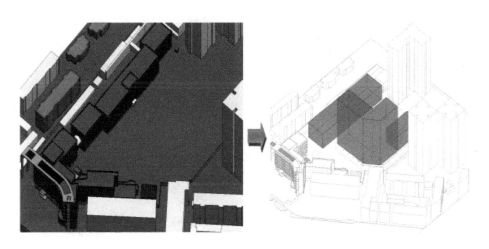

图 3-19　综合考虑确定建筑形体

（2）因为此项目定位为高标准的绿色建筑，所以在设计工作进一步开展前，先利用 BIM 模型导入 Ecotect 或 IES 等分析软件，对已经确定的体块方案进行能耗分析，更深入地分析体块先天的优缺点，并提出满足可持续设计的指导意见，将其作为需要满足的边界条件进行深化设计，使设计师在设计过程中更有针对性地制定方案设计策略。例如，对体块模型各个立面日照进行分析，得到各立面的窗墙比建议值（图 3-21）；对地块内风环境进行进一步模拟，分别分析不同高度风速及风压等以指导方案设计，如图 3-22 所示。

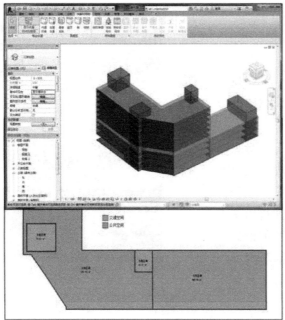

图 3-20　利用 BIM 模型调取空间分配数据

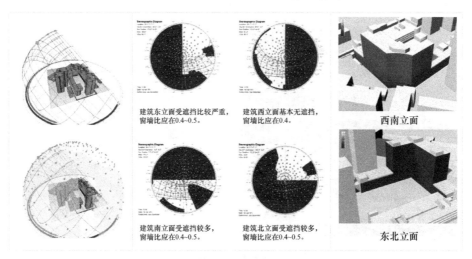

图 3-21　利用采光分析数据指导立面窗墙比

图 3-22　通过地块内风环境分析指导设计

在此基础上得出的不同建筑风格的多个方案，均满足本项目的前期定位要求，可以有效避免方案设计的重大变化。

（3）在多方案的比选过程中，利用 BIM 模型对于不同方案应用的绿色建筑措施进行分析比较，最终通过对不同方案多方面地权衡分析，选用最佳方案，并结合其他方案的亮点进行方案优化，如图 3-23 所示。

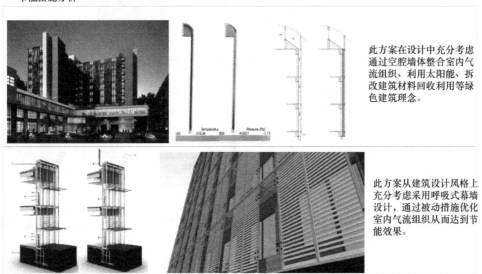

・节能措施分析

此方案在设计中充分考虑通过空腔墙体整合室内气流组织、利用太阳能、拆改建筑材料回收利用等绿色建筑理念。

此方案从建筑设计风格上充分考虑采用呼吸式幕墙设计，通过被动措施优化室内气流组织从而达到节能效果。

图 3-23　针对不同方案的绿色建筑措施分析

3.4.3　初步设计阶段

在案例项目中，打破传统模式，借助 BIM 技术直接在三维环境下进行方案设计，在工作流程和数据流转方面有明显改变，带来了设计效率和设计质量的明显提升。

（1）基于 BIM 技术的三维设计对于空间充分利用的优势十分明显，对于一些在二维设计中容易忽视的细节部分进行精细化设计，从而提高设计质量。例如，楼梯间下部空间往往被忽视，并很难通过传统二维设计明确空间尺度，通过对建筑进行反复剖切，对这类空间进行精细化设计，从而很大程度地提高了空间利用率。

（2）三维设计过程也优化了各专业的协同配合过程。在设计初期，将施工图设计阶段工作前移，对走廊等管线密集位置进行管线综合，预估及分配吊顶空间。相较于传统二维欧诺工作模式中各专业单独设计，通过定期会审难以发现全部碰撞点，遗留大量问题到施工阶段，采用 BIM 技术的三维设计方式，可以有效地实现各专业协同设计，改变了传统设计流程，将管线综合工作前移，达到设计过程中及时发现并避免交叉碰撞，减少了后期工作量的效果，如图 3-24 所示。

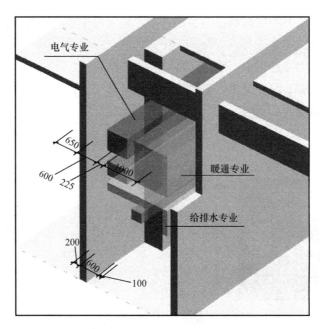

图 3-24　优化各专业的协同工作

（3）基于 BIM 模型进行建筑方案的进一步的可持续性设计分析，提出和确定绿色建筑节能措施，以及可再生能源利用策略和方法等。

其中包括：对此阶段的 BIM 模型进行整体分析，得出地块内自然通风数据，再针对方案进行建筑内部气流组织分析，指导优化。同时结合室内墙上增加的墙上通风口，使东、西朝向房间具有自然通风的通道，实现不同朝向房间的通透，如图 3-25 所示。

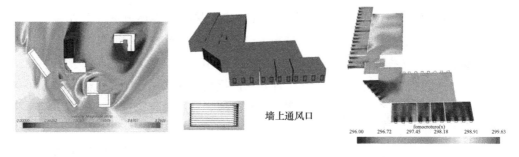

图 3-25　气流组织分析

利用 BIM 模型，通过分析软件对建筑物屋顶太阳辐射量进行分析计算，结合分析数据，确定采用太阳能集热器方案，如图 3-26 所示。同时在 BIM 模型中建立太阳能集热器的族，利用完备的参数模型，指导其在平面的排布位置，得出的排布数据反馈回分析软件，进行整体太阳能平衡计算，如图 3-27 所示。

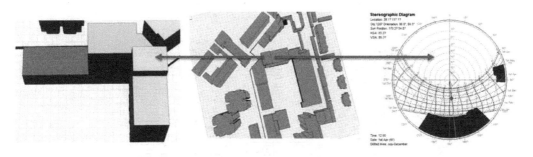

图 3-26　通过分析软件对建筑物屋顶太阳辐射量计算

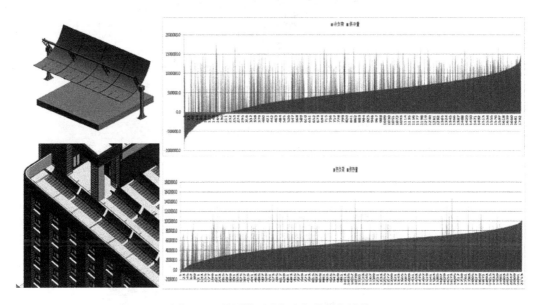

图 3-27　利用模型进行太阳能平衡计算

3.4.4　施工图设计阶段

在案例项目中，采用了 Autodesk Revit 系列软件，结合现行图纸规范，对于软件默认样板文件中的标高样式、尺寸标注样式、文字样式、线样式、对象样式等进行标准定义，制定了适合自身的 BIM 企业标准。此项目在充分利用 BIM 信息模型的基础上取得了以下几点突破。

（1）此项目做到了建筑专业 100％利用 BIM 软件出图，实现了从三维数字模型直接打印二维图纸，同时其他专业在传统二维软件的辅助下，也能满足最终的出图要求，最终圆满地完成了设计任务（图 3-28）。由于项目采用三维模型进行深化设计，所以对于复杂的空间关系得以更好地展现，BIM 技术突破了传统二维绘图模式的局限，使图纸表达更加清晰和生动，如图 3-29 所示。

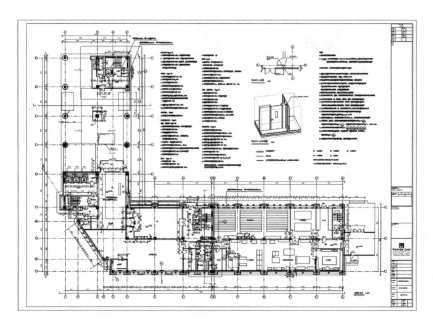

图 3-28　利用 BIM 模型直接生成的二维图纸

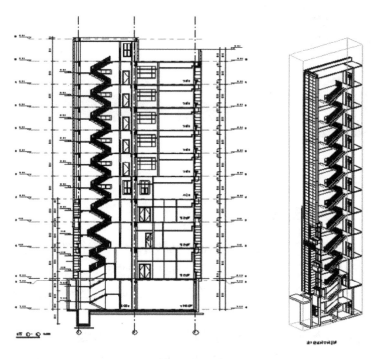

图 3-29　更加清晰和生动的图纸表达

（2）通过 BIM 技术，在施工图设计中对施工阶段的预先规划，为了满足利用 BIM 技术优化施工方案排布的要求，利用设计阶段 BIM 模型数据，按照施工建设的需求对模型进行整理、拆分、深化，梳理施工所需的模型资源。结合施工工法，预留管线安装的空间后，对管线复杂部位进行了进一步优化，并进行了细部施工方案模拟，大大提高了项目的可实施性，如图 3-30 所示。

图 3-30　结合施工工法进行管线排布优化

（3）在设计阶段，通过规范 BIM 模型的构建标准，为模型在建筑全生命周期中的各个阶段实现有效的数据传输提供了基础。充分利用设计阶段的 BIM 模型，在满足建设过程的精确模拟需求的前提下，在 BIM 模型中补充施工建设所需的附属构件，并针对设计模型进行编码体系的设置，进一步拆分模型，使其满足算量、排期等需求，如图 3-31 所示。

图 3-31　针对设计模型进行编码体系设置

（4）通过规范设计阶段 BIM 模型的建模要求，为后期的运营维护阶段有效利用 BIM 模型提供了前提。例如，设计阶段的机电专业在模型搭建中，在设计之初建立设备族库的时候，充分考虑了后期运营中需要添加的参数数据，为满足后期信息更新录入提供了基础（图 3-32）。并且针对不同的设备系统建立了不同的工作集，方便了后期运维阶段的需求，如图 3-33 所示。

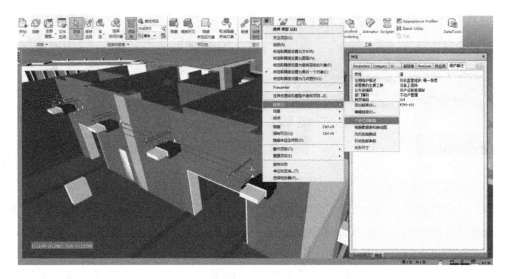

图 3-32　对于设备族进行信息调取和更新

暖通水系统　　　　　　　暖通风系统　　　　　　　暖通消防系统

给水排水雨水排水系统　　给水排水消火栓　　　　　给水排水喷淋系统

图 3-33　针对不同设备系统建立不用的工作集

第4章

现代测绘技术与智慧建造

任何工程项目的建造都离不开工程测绘，人类工程建造的历史同时也是一部测绘技术发展的历史。在汉代司马迁的《史记》中，对夏禹治水，有"陆行乘车，水行乘船，泥行乘撬，山行乘辇，左准绳，右规矩，载四时，以开九州，通九道，陂九泽，度九山"等勘测情况的记录。规矩、准绳等古老的测量工具所代表的是远古时期先人的建造智慧。在科技高度发达的今天，现代测绘技术得到了飞速发展，以卫星定位技术、激光扫描技术、地理信息系统技术、数字摄影测量技术等为代表的现代测绘技术广泛应用于工程规划、勘测、施工等阶段。智慧建造的理念必须要有先进的技术手段来实现，而现代测绘科技则是智慧建造的重要技术支撑。

4.1　GIS 技术与智慧建造

GIS（Geographic Information System，地理信息系统）技术是测绘科学的一个重要分支，GIS 是在计算机软、硬件系统的支持下，对整个或部分地球表面（包括大气层）空间中的有关地理分布数据进行采集、存储、管理、计算、分析、显示和描述的技术系统。GIS 管理的对象是多种类型的地理空间实体数据及其关系，包括空间定位数据（位置和空间关系）、属性数据等，用于分析和处理一定地理区域内分布的各种对象和过程，解决复杂的空间规划、决策和管理问题，属于决策和支持系统。

20 世纪 50～60 年代为 GIS 发展的开拓期，GIS 注重于空间数据的地学处理。20 世纪 70 年代为 GIS 的巩固发展期，注重空间地理信息的管理。20 世纪 80 年代为 GIS 的大发展时期，注重于空间决策支持分析。20 世纪 90 年代为 GIS 的用户时代，GIS 的行业应用、网络化应用全面开花。21 世纪初为 GIS 的空间信息网格时代，GIS 可以提供可视化、多媒体的空间信息服务。

GIS 的应用需要基础地理数据的支撑，GIS 的基础地理数据一般分为以下几种格式：矢量数据、栅格数据、影像数据，这些数据所对应的就是被称为 4D 产品的数字测绘产品，即 DEM（Digital Elevation Model，数字高程模型）、DLG（Digital Line Graphic，数字线划地图）、DRG（Digital Raster Graphic，数字栅格地图）和 DOM（Digital Orthophoto Map，数字正射影像），如图 4-1 所示。GIS 所面向的模型称为地理信息数据模型，一般可分为两类：拓扑关系数据模型和面向实体的数据模型。

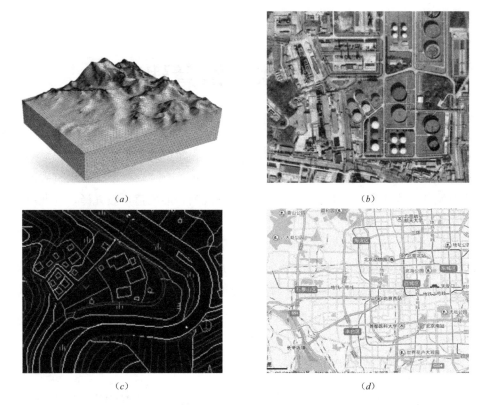

(a)   (b)

(c)   (d)

图 4-1   4D 产品的数字测绘
(a) DEM；(b) DOM；(c) DLG；(d) DRG

4.1.1   拓扑关系数据模型

早期的商品化 GIS 软件大都采用了以"节点—弧段—多边形"拓扑关系为基础的数据模型，我们称这种数据模型为拓扑关系数据模型。拓扑关系数据模型以拓扑关系为基础组织和存储各个几何要素，其特点是以点、线、面间的拓扑连接关系为中心。该模型的主要优点是数据结构紧凑，拓扑关系明晰，系统中预先存储的拓扑关系可以有效提高系统在拓扑查询和网络分析方面的效率。拓扑关系数据模型（图 4-2）是二维 GIS 的基础数据模型。

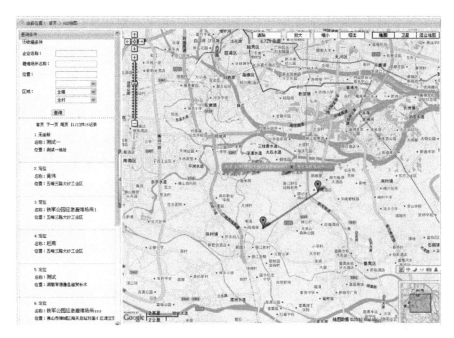

图 4-2　拓扑关系数据模型

4.1.2　面向实体的数据模型

　　面向实体的数据模型即为地理空间建立面向对象的整体数据模型——一个基于地理空间整体论、完全以面向对象方式组织的 GIS 数据模型。这里称为"面向实体",是为了强调这种数据模型是以单个空间地理实体为数据组织和存储的基本单位。面向实体的数据模型(图 4-3)是三维 GIS 的数据基础模型。

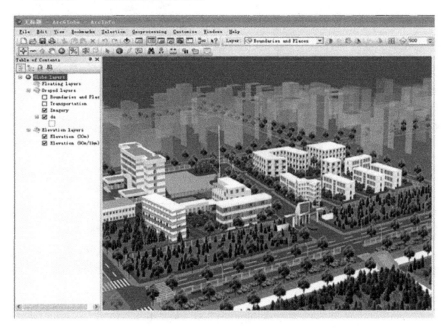

图 4-3　面向实体的数据模型

無論拓撲關係數據模型還是面向實體的數據模型，其本質都是對真實存在於地理空間中的研究對象的抽象和數學表達。建立模型的目的是為了對實際應用進行分析和決策。

建築作為廣泛分布於地理空間的一類實體，自然也是地理信息數據模型所包含的對象。在二維 GIS 中，建築的地理信息數據模型表達為一個多邊形，僅可以掛接一些簡單的屬性信息。而在三維 GIS 中，建築的地理信息數據模型是依據建築測量數據或者設計資料制作的三維模型，主要表達建（構）築物的空間位置、幾何形態以及外觀效果等。根據應用的需要，可以賦予模型更多更複雜的屬性信息。這就與 BIM 的含義十分接近了。因此，從一定意義上，凡是 GIS 中包含建築的地理信息數據模型和屬性的，並且其分析功能能夠為工程建造提供決策支持的，也應視為 BIM 技術的應用。

GIS 的一個主要特點就是具有空間分析功能，傳統的二維 GIS 軟件一般以地圖投影為基礎，將空間地理信息數據以二維形式存儲和表達（平面上的點、線、面），具有最短路徑分析、疊加分析、緩衝區分析、連通分析等二維空間分析功能。近年來，三維 GIS 的發展勢頭十分迅猛。在三維 GIS 中，空間地理信息數據是以三維形式存儲和表達（空間的點、線、面和體），具有遮擋和通視分析、日照分析、天際線分析、坡度分析、淹沒分析、擴散分析、體積計算等功能，可廣泛應用於城市規劃、工程選址等方面，圖 4-4 所示為三維 GIS 的空間分析功能應用。

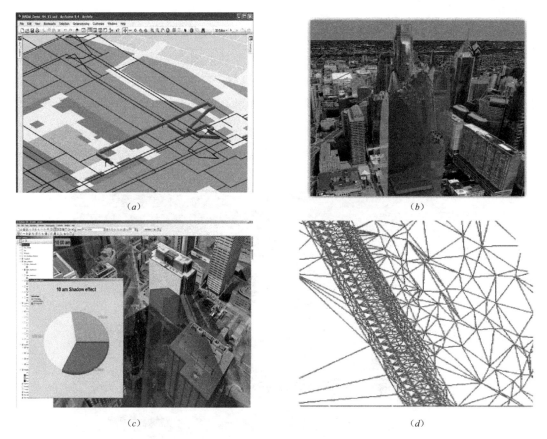

图 4-4　三维 GIS 的空间分析功能应用（一）

（a）应急中的三维路径分析；（b）规划中的天际线分析；（c）城市规划中的日照分析；（d）工程填挖方分析；

70

图 4-4　三维 GIS 的空间分析功能应用（二）

（e）应急中的事故现场可视域分析；（f）现场事故视频与地理位置叠加分析；

（g）道路规划中的通视性分析；（h）三维空间中的距离、高度、面积测量等；

（i）机场区域飞机飞行路线危险性分析；（j）危险物扩散影响范围

　　设计师在考虑一个建筑方案时，许多问题需要决策，如建筑的功能、外观、景观协调性、环境影响、能耗、安防等。例如，场地分析是研究影响建筑物定位的主要因素，是确定建筑物的空间方位和外观、建立建筑物与周围景观联系的过程。在规划阶段，场地的地貌、植被、气候条件都是影响设计决策的重要因素，往往需要通过场地分析来对景观规划、环境现状、施工配套及建成后交通流量等各种影响因素进行评价及分析。传统的场地分析存在诸如定量分析不足、主观因素过重、无法处理大量数据信息等弊端。通过 GIS 对场地及拟建的建筑物空间数据进行建模，并进行场地分析，如日照、通风、噪声等指标的可视化分析，迅速得出令人信服的分析结果，帮助项目在规划阶段评估场地的使用条件和特点，从而作出新建项目最理想的场地规划、交通流线组织关系、建筑布局等关键决策。

GIS 的空间分析功能可以在数据和模型的支持下，使建筑规划、设计的决策过程更加高效，决策结果更加科学、合理。随着三维 GIS 技术的飞速发展和智慧建造理念的广泛传播，GIS 技术必将成为智慧建造的重要支撑技术，从而发挥更大的作用。

4.2 实景建模技术与智慧建造

BIM 是实现工程智慧建造的重要支撑技术，而 BIM 应用的一个重要技术环节是工程 BIM 模型的创建。目前业内主流的 BIM 设计软件如 Revit、CATIA、ArchiCAD 等都有完善的三维建模功能，能够快速建立三维的建筑、结构、机电等专业信息模型。然而，在工程建造过程中往往还面临另一个问题，那就是如何知道实际的建造过程在多大的程度上符合了设计要求。实景建模技术可以解决这个问题。

近景摄影测量是出现较早的一种实景建模技术，摄影测量的历史已有近百年之久，历经了由模拟摄影测量-解析摄影测量-全数字摄影测量的发展过程。所谓近景摄影，是相对于航空摄影这种相机远离被摄对象的摄影方式而言的，通常摄影时物距不大于 300m。

通过在不同位置架设相机对同一物体进行多次拍摄，得到具有一定重叠度的多张影像，就可以建立"立体像对"，用数字摄影测量数据处理系统处理立体像对，可以得到被摄物体表面大量点的三维坐标，从而建立被摄物体的表面模型，如图 4-5 所示。这种方法被广泛应用建筑测量、工业测量等场合。近景摄影测量可以达到很高的测量精度，自行车赛场的跑道斜面，大型的无线电抛物面天线对长度测量或定位的要求非常高，而近景摄影测量都可胜任这些任务。

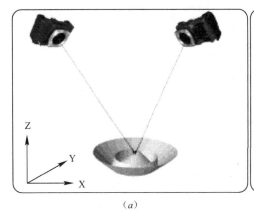
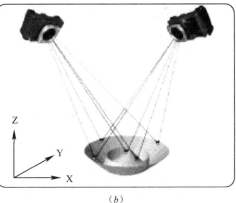

(a)　　　　　　　　　　　(b)

图 4-5　近景摄影测量原理

多基线数字近景摄影测量系统（Lensphoto）属于最新数字近景摄影测量应用软件。它是以计算机视觉替代传统的人眼双目视觉原理而获得实质性发展的一套全数字近景摄影测量系统，能对普通单反数码相机获得的影像，可以自动完成从三维测量到测绘各种比例尺的线划地形图的生产，及对普通数码相机所获的近景影像进行快速精密三维重建；并可作为直接由地面摄影的数字影像中获取测绘信息的软件平台。图 4-6 所示为近景摄影测量得到的建筑表面模型。

图 4-6　近景摄影测量得到的建筑表面模型

三维激光扫描技术是目前较先进的实景建模技术，三维激光扫描仪（图 4-7）利用仪器发射的定向激光束快速扫描被测物体表面，可以得到海量的被测物体表面点三维坐标，这些密集的测点显示在计算机屏幕上，被形象地称为"点云图像"。通过对点云数据的去噪、抽稀、TIN（三角网表面模型）构建，就可以得到被测物体的表面模型，有的扫描仪还配有同轴相机，可以在扫描的同时对被扫物体摄影，并自动对点云赋予RGB 颜色，从而得到彩色点云，如图 4-8 所示，而且更加真实地还原被扫物体的信息，如图 4-9 所示。

图 4-7　三维激光扫描仪

图 4-8　彩色点云图像

图 4-9　利用点云制作的三维模型

与 BIM 软件进行三维建模时所依据的设计数据不同，使用测绘技术手段建立的模型，其数据是由实际测绘而得到，实测的数据包含了施工误差和变形的信息，这一点在进行建造质量控制和变形监测时十分有用。

在 Autodesk 公司的 Navisworks 软件中，可以使用 Clash Detective 功能在传统的三维几何图形（点、线、面）和激光扫描点云之间直接进行碰撞检测。这是 BIM 技术与测绘技术结合的一个成功例子，可以解决我们本节开始提出的问题：施工在多大程度上符合设计要求。

激光三维扫描的作用不仅限于此，当前的大型复杂工程中大量采用异形构件，这些构件体积庞大、形状复杂，而且通常采用工厂加工、现场装配的施工方法。构件几何形状的加工精度和装配精度是影响建设质量的关键因素，利用精密施工测量技术进行构件几何形状的检测十分必要，三维激光扫描测量可快速精确测得大型复杂构件的几何尺寸信息，可以全面还原构件的几何外形，具有精度高、速度快的优点。

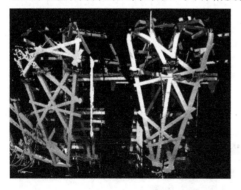

图 4-10　"鸟巢"立柱 P7 与 P8 之间的点云

2008 年北京奥运会的主会场"鸟巢"钢结构工程，按照设计要求顶面和肩部次钢结构是在主结构支撑卸载后安装，通过使用三维激光扫描手段获取钢结构立柱接口实际坐标，以指导地面次钢结构的拼装，实现虚拟拼装，从而提前消化由于卸载变形产生的误差，确保了次钢结构的顺利安装。图 4-10 所示为"鸟巢"立柱 P7 与 P8 之间的点云。

三维激光扫描仪还被用于竣工验收，三维激光扫描技术对于竣工建筑物几何尺寸和细节的高还原度，远远超越了以往传统测绘手段绘制的纸质竣工图，还可以用 Navisworks、Qualify 等软件将 BIM 设计的成果与点云数据进行详细对比以检查工程质量，技术优势十分明显。

三维激光扫描是一个刚刚兴起的测绘技术，其设备硬件不断地发展，现在最快的扫描仪，每秒钟可扫描上百万个点，测程可达数百米。扫描仪数据处理的方法和理论也在不断完善，点云配准方法，自动提取特征点、线、面等均是研究热点。许多著名的建筑设计软件都设置了与扫描点云数据的接口。可以预见在不远的将来，三维激光扫描技术必将在建筑行业发挥越来越大的作用。

4.3 变形测量技术与智慧建造

在大型、复杂工程建造的过程中，变形监测是一项必不可少的工作。在工程建设中开展变形监测，其目的：一是为了监测结构本身以及周边环境的变形情况，为施工提供安全预警；二是为了对设计中预计的变形量进行实测验证，将监测结果反馈设计，以便对设计参数进行优化。

变形测量的手段和方法多样，其中一大部分是通过测绘手段实现的。这其中的主要技术包括：测量机器人监测技术、静力水准监测技术、GPS 监测技术、三维激光扫描监测技术等。

测量机器人的照准部由马达驱动，能够自动寻找目标并完成角度和距离测量。这种全站仪有内置的测量程序，并且可以和个人计算机通信，接受电脑的指令完成某个测量动作或者传输测量数据。一个测量机器人监测系统由多个安置于被监测对象上的反射棱镜、一台或数台测量机器人、一台安装了监测软件的计算机和相应的通信软硬件组成，如图 4-11 所示。全站仪按照设定的时间和观测顺序对变形点上的棱镜自动进行观测，计算机监测软件接受测量数据并进行处理，得到监测结果，并绘制相关的变形时程曲线。还可以根据变形的数学模型对变形量进行预测。目前这种监测系统被广泛应用于大坝、矿山、桥梁、高层建筑等的变形监测中。测绘设备厂商 Leica 的 Geomos 和 Trimble 的 4D Control 是这种监测系统的代表。

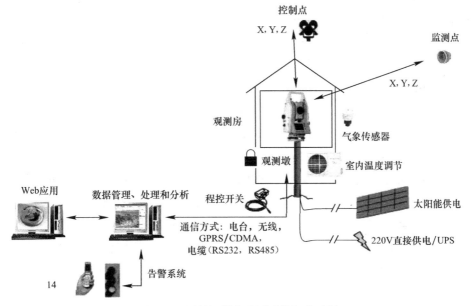

图 4-11 测量机器人监测系统组成示例

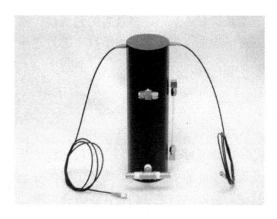

图 4-12　静力水准仪

测量机器人监测系统在水平变形监测方面可达到较高精度，但是在垂直变形监测方面的精度稍差。而且难以做到实时不间断的连续监测。在需要进行垂直位移监测的场合，静力水准仪监测系统是一个更好的选择（图 4-12）。

静力水准仪利用连通器的原理，多台静力水准仪之间用连通管连通，静力水准仪和连通管之中充满液体，灵敏的液面传感器可以测量液面高度。由于连通器中静止的液面高度必然相等，以这个高度为基准就可以精确测定测点相对于基准的垂直位移，其测量原理图如图 4-13 所示。

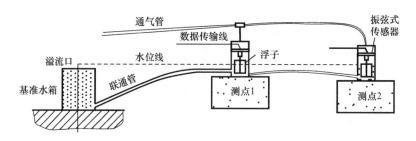

图 4-13　静力水准仪原理图

在静力水准仪自动监测系统中，数据采集单元可以采集液面传感器的数据，并通过有线或无线方式发送给安装监测系统软件的计算机，监测软件对数据进行处理，监测结果可以在本地计算机查看，也可通过网络发布，实现远程无人值守的实时监测。这种监测系统主要应用于对监测精度和实时性要求比较高的场合，如运营地铁隧道、大坝等。

GPS（Global Positioning System，全球定位系统）自问世以来，以其全天候、高精度的特点迅速应用于大地测量、工程测量和变形监测领域。GPS 用于变形监测有如下优势：数据采集、传送、处理和分析自动化；在潮湿、多粉尘、炎热和严寒的环境下都能工作；高精度、全天候、水平和垂直位移监测可同时进行。

GPS 监测有两种模式，间断复测模式和长期连续模式。间断复测模式是用几台 GPS 接收机，定期到监测点上观测，对数据实施后处理后进行变形分析与预报，费用较省，但劳动强度大，不能实时、连续监测，自动化程度很低，响应速度慢。长期连续模式是在监测点上建无人值守的 GPS 观测系统。通过软件控制，实现实时监测和变形分析、预报，能实时监测，自动化程度也很高，但由于每个监测点上都需要安装 GPS 接收机，监测系统的费用昂贵。

1985 年，美国的 William E. Strange 等应用 4 台 V1000 GPS 信号接收机研究了亚利

桑那州东南部沉积盆地的大面积沉降，并与水准监测结果进行比较，结果表明两者相差
0.8~3.5cm。从 20 世纪 90 年代以来，世界上许多国家纷纷布设地壳运动 GPS 监测网，
为地球动力学研究和地震与火山喷发预报服务。目前，全球有 400 余个 IGS 跟踪站，用
于研究全球板块间的相对运动，监测板块边缘及内部的构造变形，确定不同尺度构造块
体运动方式规模和运动速率。法国阿尔卑斯山脉的 Sechilienne 滑坡为冰川堆积体，1985
年曾发生 3000 万立方米的滑坡，1998 年应用 GPS 和全自动机器人实现了实时在线安全
监测。

　　我国从 1990 年开始利用 GPS 进行地壳形变监测方面研究，先后建立了多个全国性的
GPS 监测网（包括中国地壳运动观测网络、国家 GPSA 级网等）和主要活动带的区域性
GPS 监测网（包括青藏和喜马拉雅山地区、川滇地区、河西和阿尔金地区、新疆和塔里木
地区、华北地区和福建沿海地区的 GPS 监测网等）。

　　我国在青江隔河岩大坝建立的 GPS 自动化变形监测系统，其变形 GPS 自动化监测系
统的监测精度达到了水平精度 0.5mm 左右，高程精度 1.0mm 左右，在 1998 年长江流域
抗洪抢险中发挥了巨大作用。

　　目前，GPS 实时监测系统多用于大坝、滑坡体、特大型桥梁的变形监测。随着自动化
检测技术的发展和硬件设备价格的降低，一些高层建筑也开始使用 GPS 监测系统，著名
的迪拜塔就采用 GPS 和精密倾斜传感器进行施工监测，并取得了预期效果。

　　三维激光扫描技术是近年来兴起的一项新兴技术，前文已经作过介绍，现在很多人也
正在进行将三维激光扫描用于变形监测的技术探索，通过将不同点的扫描成果进行对比，
得出被监测对象的整体变形情况。

　　图 4-14 所示是杭州地铁某条隧道将激光扫描仪扫描的隧道点云进行剖切获取的横断
面与设计数据进行比较，以监测隧道的收敛情况的实例。

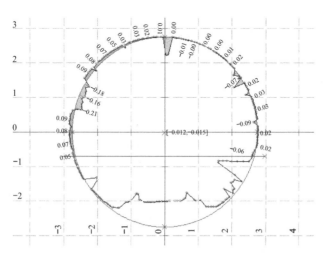

图 4-14　利用三维激光扫描进行隧道收敛监测

　　在实际工作中，可以将一整段隧道点云数据和设计数据（或多次扫描的点云数据）进
行比对，分析隧道的整体变形情况，并用不用的颜色予以区分，如图 4-15 所示。

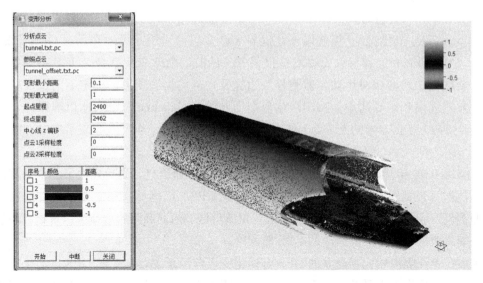

图 4-15　三维激光扫描点云进行隧道整体变形分析

作为一种非接触的监测手段，三维激光扫描在运营高速公路路面、机场跑道、危险滑坡体等的监测方面有着广泛的应用前景。这项技术在大规模推广应用之前还需要解决一些实际问题，如数据处理的效率问题和硬件设备的价格问题等。

4.4　其他先进施工测量技术

以 BIM 等为代表的工程智慧建造技术，推动工程建造向着更加精益的方向发展。BIM 应用的深入与普及，不可避免地会对施工测量工作提出新的要求，同时带来新的挑战，具体表现为：

（1）BIM 技术的应用，使得原来建设难度极高的大型复杂工程实施可能性大大增加，复杂曲面、异形构件在今后的工程中越来越多，施工测量放样的难度大为增加。

（2）测量员所使用的定位依据文件，由传统的二维图纸、平面坐标等向三维实体模型和三维坐标转变。

（3）传统的以坐标、高程数据为主要形式的测绘成果，难以满足 BIM 软件进行分析计算的要求，以激光点云、实体模型为代表的三维可视化测绘成果成为必需。

（4）对竣工测量成果的要求也由二维平面图纸向三维实景模型转变，传统的测绘方法不能满足要求，必须寻求新的技术手段。

近年来随着测绘仪器的发展，很多先进的施工测量技术也逐渐得到推广和应用，例如GPS 单基站技术和连续运行参考站技术、智能全站仪技术等，极大地提高了施工测量的效率和精度。

单基站技术和连续运行参考站技术都是基于 RTK 技术发展起来的，RTK（Real Tima Kinematic，实时动态差分）技术在进行 GPS 相对定位时，信号会受到很多系统误差的影响，例如电离层和对流层延迟、轨道误差、卫星钟差等，对卫星信号进行差分处理是消除或减弱系统误差的有效手段。在 RTK 作业模式下，基准站通过数据链将其观测值和测站坐标信息一起传送给流动站。流动站不仅通过数据链接收来自基准站的数据，还要采集 GPS 观测数据，并在系统内组成差分观测值进行实时处理，同时给出厘米级定位结果，历时不足一秒钟。流动站可处于静止状态，也可处于运动状态；可在固定点上先进行初始化后再进入动态作业，也可在动态条件下直接开机，并在动态环境下完成整周模糊度的搜索求解。在整周未知数解固定后，即可进行每个历元的实时处理，只要能保持四颗以上卫星相位观测值的跟踪和必要的几何图形，则流动站可随时给出厘米级定位结果。

单基站技术就是在一定区域范围内架设一座不间断运行的参考站，通过电台播发 GPS 观测信号和基准站坐标，流动站接收到信号后进行差分处理，在很短时间内得到厘米级的定位成果。而 CORS 技术则是在比较大的区域内（通常是一座城市）架设多座 24 小时不间断运行的基准站，所有基准站由一个控制中心控制。控制中心可以决定流动站接收那些基准站的差分数据，流动站通过接收基准站信号和卫星信号在准实时条件下完成厘米级的定位测量。

单基站技术和 CORS 技术可以很方便地用于施工测量，举例来说，过去在大型工程的工地上，必须埋设很多测量控制桩，组成施工控制网，所有的施工测量工作都基于这些控制点进行，但是由于施工现场环境复杂，这些桩点往往容易被破坏或发生位移沉降而失准，影响测量工作开展。如果利用单基站技术，在工地附近的制高点架设一个基站，整个工地就可以利用基站的信号，以一台流动站接收机完成控制点加密或施工放样等测量工作，精度达到厘米级，而且这是一个动态的坐标维持框架。不会发生桩点破坏和失准等情况。这样在施工测量时就可以快速、按需求建立控制网，改变了以往施工控制网测设耗时耗力，维护难度大等问题。

有些超大型构件在就位时也可以使用几台流动站接收机获得构件的实时姿态，以协助构件定位安装，港珠澳大桥的隧道工程是利用沉管法施工的，每个沉管长达 180m，宽数十米，与一艘大型船舶的体量相当，在沉管的就位过程中就利用 GPS 技术对沉管进行位置和姿态监测。

作为施工测量最常用的两种测绘设备：全站仪和水准仪近些年也取得了极大的技术进步，都在向自动化、智能化的方向发展，新型全站仪可以自动识别和照准目标棱镜，自动完成测量并记录数据，还有图形化的操作界面，可以指示施工放样的距离和方向偏差，可以直接将 DXF 格式的文件导入全站仪，并自动计算放样元素，在进行实际放样时，还有导向光指示放样点的实际位置，极大地提高了放样效率。Trimble 的 BIM to Field 提供了完整的 BIM 解决方案，集成虚拟建造、高质量施工、施工管理、可视化等功能于一身，融会贯通了完整的施工过程与信息管理流程。新型的电子水准仪配合条码水准尺，只需按一个按钮就可以得到高差数据，不用人眼进行瞄准和读数，大大减轻了人员的劳动强度。

以上所介绍的这些先进测绘技术，使得工程建造中的测绘工作向自动化、智能化的方向发展，极大地提高了测量工作的效率和精度，减轻了人们的劳动强度。同时测绘成果向可视化、信息化发展，为人们在建造过程中的决策提供支持。先进测绘技术助力智慧建造，必将创造出更多的超级工程奇迹。

第5章

大型建筑工程的数字化建造技术

目前，我国正在进行着世界最大规模的基本建设。建筑工程作为基本建设的重要组成部分，特别是大型公共建筑，随着我国经济和社会快速发展日益增多。它们既促进了我国经济社会发展，又增强了为城市居民生产、生活服务的功能。大型公共建筑一般都投资巨大，同时具有建设过程复杂、多样、建造周期长等特征。如果能够引入工业上成熟的数字化技术和管理方法进行大型建筑工程的建造，将会对提高建筑工程的安全和质量水平，降低人工和劳动强度、加快建造速度、实现绿色建造和精益建造具有重要意义。

北京城建集团是国内最早开展 BIM 和数字化建造技术研究和推广应用的单位之一。在国家体育场、国家体育馆、国家博物馆等大型公共建筑工程中，通过采用结构仿真分析、工厂化加工、机械化安装、精密测控、信息化管理等数字化建造技术，为工程建造提供了技术保障。

5.1 国家体育场的钢结构卸载

5.1.1 工程概况

国家体育场（鸟巢）作为北京奥运会主会场，承担了 2008 年北京奥运会的开、闭幕式和田径比赛，可容纳观众 9.1 万人，是目前世界上特大跨度体育建筑之一（图 5-1）。鸟巢的钢结构屋面呈双曲面马鞍形，最高点高度为 68.5m，最低点高度为 40.1m；平面上呈椭圆形，长轴为 332.3m、短轴为 297.3m；屋盖中部的开口内环呈椭圆形，长轴为 185.3m，短轴为 127.5m。工程设计用钢量约 4.2 万 t，卸载吨位约 1.4 万 t，卸载总面积约 6 万 m^2，有 78 个卸载点，且单点

图 5-1　国家体育场鸟瞰图

卸载吨位大、最大点支撑力约 300t，卸载难度大。由于鸟巢钢结构屋盖面积大，支撑点分布广，而且卸载前钢结构重量大，卸载吨位大。如何在满足设计要求下，选择合理的卸载方式和步骤，以实现支撑塔架的顺利卸载，是国家体育场钢结构施工的关键技术难题之一。

5.1.2　支撑的卸载原则与步骤

1. 支撑卸载原则

根据 78 个支撑点布置：外圈 24 个支撑点为主桁架相交的第一个节点，中圈为主桁架相交的第三个节点，内圈为主桁架相交的五、七（六）个节点，比较均匀地分布在整个钢结构屋盖，同时由于屋盖尺度大，78 个支撑点分布范围较大，间距也较大，如图 5-2 所示。对于此类空间大跨度结构，最优的卸载方式应该为 78 个支撑整体同时、同步卸载。但是，考虑到如此重型的马鞍形钢屋盖结构（屋盖重量达 1.4 万 t），支撑反力大和各个支撑点的卸载变形量均有较大差异（最大支撑反力达 300t，最小不到 100t，卸载变形最大部位约 300mm，最小部位不到 100mm），要实现卸载点分布范围如此大，同时数量达 78 个之多的支撑整体同时同步卸载，不仅从卸载设备的具体选配、操作人员的控制管理，以及同步精度等各方面，实施难度巨大且存在较大风险。

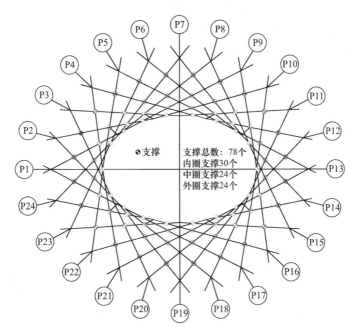

图 5-2　78 个支撑点布置图

通过计算分析表明，当采用分阶段整体分级同步卸载的方式进行卸载，和整体同步卸载相比钢结构本体的应力变化不大，因此，确定了"分阶段整体分级同步卸载"的卸载原则。即：不追求全部支撑点同时、同步卸载，而通过采用每一圈支撑每一步同时、同步卸载，从而实现全部支撑点分若干个阶段达到整体同步卸载，而在每个阶段卸载实施过程中不同圈支撑点并不是同步卸载。同时由于各支撑点卸载反力和卸载变形均不相等，为了便于卸载操作的实施控制，同步的控制采用对卸载位移等比进行控制。

2. 支撑卸载步骤

在确定了"分阶段整体分级同步卸载"的原则下，对卸载的具体步骤按两种工况进行了比对计算：

工况1：分成9个阶段共33个步骤，前6个阶段均为卸载总量的10%，第7、第8阶段为15%，第9阶段为10%；卸载顺序为由内圈向外圈。

工况2：分成7个阶段，每个阶段5个步骤，共35个步骤，前3个阶段均为卸载总量的10%，后4个阶段为17.5%；卸载顺序为由外圈向内圈。

两种卸载工况下的每卸载步外圈、中圈、内圈支撑反力和以及支撑总反力变化如图5-3、图5-4所示。

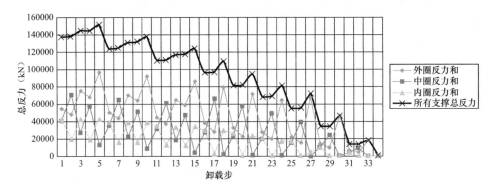

图5-3 工况1下支撑点反力和以及总反力变化图

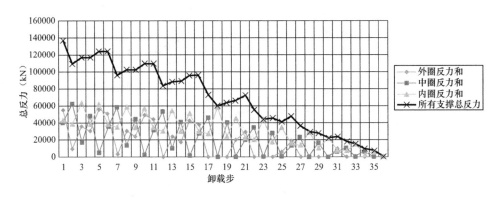

图5-4 工况2下支撑点反力和及总反力变化图

通过两种卸载工况的计算结果分析，不论是从卸载总反力，还是单个支撑点出现的最大反力值，以及反力变化的情况，可以看出采用工况2设定的卸载步骤明显优于工况1。因此，卸载步骤最终确定为工况2：7个阶段（7大步），每个阶段5小步，共计35小步。整个卸载过程共分7大步、35小步。卸载时，第1、2、3大步卸载步骤为：先外圈卸载10%、中圈5%、内圈5%，再中圈5%，内圈5%；前3大步完成后，外、中、内三圈各卸载总位移量的 30%。第 4、5、6、7 大步卸载步骤为：每大步先外圈卸载剩余位移量的 1/4、中圈 1/8、内圈 1/8，再中圈 1/8、内圈 1/8；后 4 大步完成后，外、中、内三圈各卸载总位移量 70%。最终支撑脱离顺序为外、中、内。

5.1.3 支撑体系的选型及优化设计

通过对支撑塔架体系优化设计，从施工组织设计阶段、资源准备阶段及施工阶段三个阶段的逐步深入工作，结合主结构安装分成三阶段八个区域的顺序，将整体支撑塔架分成四大块，长短轴各两个区块，这四个区块支撑塔架通过连系桁架独立连成整体，符合主桁架安装、形成自受力体系的过程，如图 5-5、图 5-6 所示。柱顶采用十字箱梁解决了大吨位卸载过程中单点局部受力问题，如图 5-7 所示。塔架柱肢的钢材为 $\phi529\times12$ 和 $\phi609\times12$ 的螺旋焊管，部分钢管为施工单位自用的施工措施用钢，部分在北京周边地区购买，基本解决了大量施工临时措施用钢的采购及回收再利用的问题。

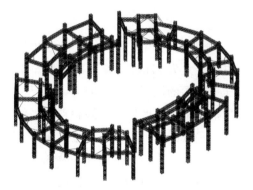
图 5-5 支撑塔架整体轴测图

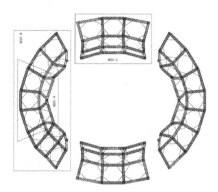
图 5-6 支撑平面布置图

支撑塔架的抗侧力体系对两种拉结方案进行了对比：一种在支撑塔架顶部设置双向缆风与混凝土看台结构拉结，另一种是支撑塔架穿看台楼板处与楼板连接。通过计算分析比较和施工可行性分析，最终择优采用了第一种方式。

5.1.4 卸载设备系统的配置

1. 卸载设备

常用卸载设备包括：砂箱、液压千斤顶、螺旋千斤顶、气垫等，上述设备各有优缺点。结合本工程的技术特点和实际需求，择优选择了双作用液压千斤顶及计算机同步控制系统作为卸载的动力和控制设备，品牌为 ENER-PAC。系统包括：液压千斤顶、控制阀组、平衡阀、电动泵、节流阀、压力传感器、位移传感器和控制模块等组成。

图 5-7 柱肢断面图

设备出厂前在特制的试验装置上对整个系统进行了关键应用状况的模拟试验，以检验本系统能否满足卸载应用需求。模拟试验内容包括：最大承载力、泵顶阀的协同工作性、多点同步性、控制系统等，涵盖了静载、动载和超载三种情况，如图5-8所示。设备进场安装完成后，进行了设备和系统的联合调试。

图5-8　卸载系统模拟试验

2. 设备适用性

大开口马鞍形结构体系卸载时其卸载点的水平位移是相对较大的，根据卸载计算分析，外圈最大为22mm，中圈最大为36mm，内圈最大为57mm。该水平位移作用于液压千斤顶则表现较大的侧向力，其数值将超过液压千斤顶的抗侧向力的能力，使得千斤顶倾覆或破坏，导致卸载点的失效。因此，必须采取措施最大限度地消除卸载点水平位移带来的不利影响。根据计算分析，以及择优对比选择，最终采用了以下适用性措施。

（1）卸载点的水平位移是逐步累积的，为了消除每一小步水平位移的叠加，采用临时支撑点和卸载千斤顶交替作用。在每一小步卸载完成后，及时调整千斤顶的垂直度，当千斤顶再次顶起后，水平位移重新从零开始。

（2）在选择千斤顶的鞍座时采用CAT型可旋转的鞍座，可适用±5°的倾角。

（3）在千斤顶的顶部设置两块滑移不锈钢板垫板，并在不锈钢板之间涂抹润滑油，减小摩擦系数，以减小作用在千斤顶上的水平力。

5.1.5　卸载实施

卸载工艺流程如图5-9所示。另外，为保证指令传递、信息反馈迅速、准确无误，建立了以总指挥为核心、以作业层为指令对象的组织机构，卸载指令及信息传递流程如图5-10所示，计算机液压控制系统如图5-11所示。

卸载前，应对卸载系统进行空载联调和负载联调试验，检验液压千斤顶卸载系统的可靠性，实现对卸载操作人员的演练，检验卸载方案和卸载组织管理的可行性、总结卸载组织管理过程中的不足之处，确保卸载过程的零风险。

卸载时，先将每一步的卸载量和计算顶升力要求输入系统，然后按照确定的卸载步骤操作，每一卸载步进行卸载结构和支撑系统的全面监测和信息处理，以确定所完成卸载步是否正常、是否进行下一步卸载。如所完成卸载步正常，则按照既定程序进行下一步卸载，如所完成卸载步异常，则进行卸载方案优化，并按照优化卸载方案进行下一步卸载。

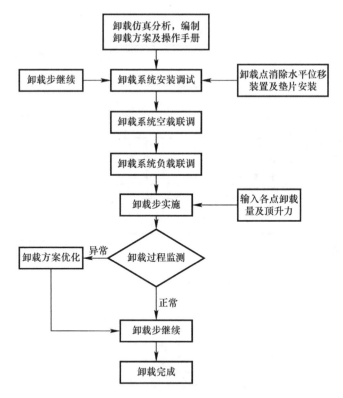

图 5-9　卸载工艺流程图

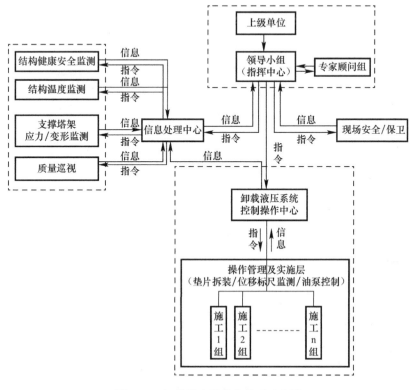

图 5-10　卸载指令及信息传递流程图

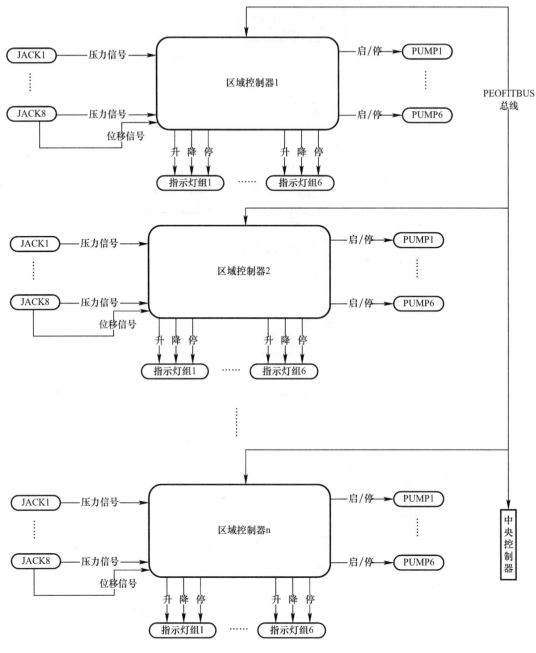

图 5-11　计算机液压控制系统图

5.1.6　卸载实时监控

支撑卸载是钢结构从支撑受力状态向自身受力状态的转变过程，为了及时准确掌握该过程的变化情况和比较实际转换结果与模拟计算的差别，对千斤顶反力、屋盖内环的变形、结构应力应变、支撑应力应变、结构温度 5 项内容进行了实时监测，监测结果实时地与计算值进行对比分析，以保证整个卸载过程在掌控之中。

1. 千斤顶反力监测

在卸载过程中，千斤顶顶升反力的大小，可以初步反映支撑塔架受力和钢结构自身受力之间的转换关系，最终目的是实现支撑受力向钢结构自身受力的完全转移。顶升力的数据来自于控制中心，控制中心通过油泵上的压力传感器将每个千斤顶的顶升力进行记录并汇总。千斤顶反力实测值与模拟计算结果进行实时分析对比，实测值与计算值比较如图 5-12 所示。

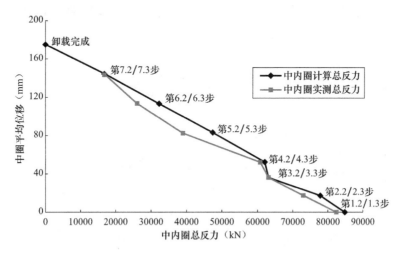

图 5-12　中内圈实测与计算反力对比

2. 屋盖变形监测

屋盖变形直接反映了卸载结果。卸载过程中对屋盖作跟踪变形监测，及时了解每一卸载步钢屋盖的变形情况。在屋盖内环东、南、西、北四个轴线方向及四个象限的 45°方向上、下弦各设置一个监测点，共计 16 个。测量设备采用三台徕卡全站仪及配套觇牌进行测量和校核。屋盖下弦变形情况如图 5-13 所示。

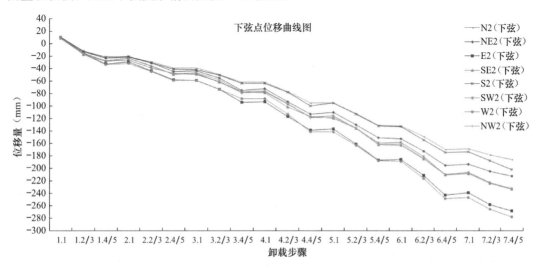

图 5-13　屋盖下弦变形图

3. 结构本体应力应变监测

尽管进行了详细的模拟计算分析，但卸载过程仍可能存在很多不确定因素。因此，对结构本体应力应变进行全程监测，全面掌握卸载过程中的实际受力状态与计算值的符合情况，对于确保结构的安全性有重要意义。监测系统由传感器子系统、数据采集与传输子系统、数据管理与分析子系统三个子系统组成。传感器采用振弦式数码应变计，传感器采集的信息经AD转换通过无线传输子系统，将数据传输给数据管理与分析子系统。监测选取了4榀主桁架和2个桁架柱作为代表，共计232个测点。实测值与计算值比较如图5-14所示。

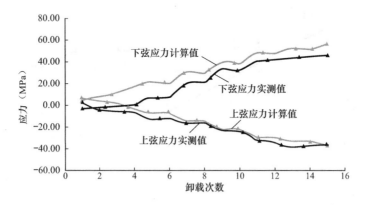

图 5-14　主桁架 T21A-4B 跨中应力实测值与计算值对比

4. 支撑塔架应力监测

由于支撑塔架经历了较长时间的主体钢结构施工，使得临时塔架的实际受力状态和设计状态会有所不同。为了保证卸载的安全进行，应对支撑塔架在卸载过程中的应力情况进行实时监测。实时监测采用 DGK-4000 系列振弦测量设备。选择了 3 个最不利支撑塔架进行了应力实时监测，共计 12 个测点。典型监测点应力变化如图 5-15 所示。

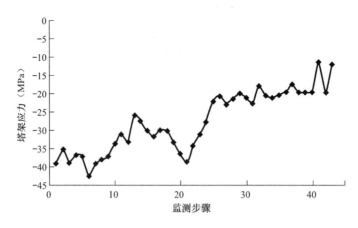

图 5-15　支撑塔架应力变化图

5. 结构本体温度监测

由于卸载过程历时较长（约 3 天半），要经历早晨低温和中午高温的变化，而且钢结构屋盖是温度敏感结构，所以在卸载过程中，除了受到自重、施工荷载外，还受温度应力的作用。对钢结构构件的实际温度状态和整体温度分布规律进行实时监测，以便更加科学、有效分析卸载时温度对结构本体应力的影响。温度监测点共计 60 个，其中顶面 36 个测点，立面 24 个测点。不同时间屋盖的温度变化如图 5-16 所示。

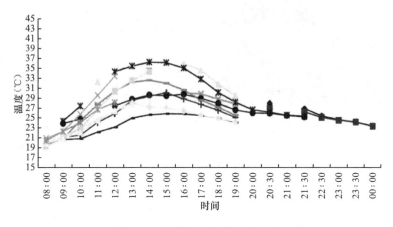

图 5-16　钢结构本体温度变化图

5.1.7　小结

从 2006 年 9 月 13 日开始卸载到 9 月 17 日卸载完成，卸载过程按计划和方案顺利实施，卸载中各种监测数据表明卸载实施过程正常，结果满足结构设计要求和相关验收标准的要求。其中：实测卸载最大变形平均值为 271mm，与计算值 286mm 相差 5％，卸载过程中主体钢结构的实测最大拉应力 68.0MPa、最大压应力 90.1MPa，与理论计算值吻合良好。

2007 年 2 月 1 日，由北京市建设委员会主持召开了"国家体育场大跨度马鞍形钢结构支撑卸载技术研究及应用"科技成果鉴定会。鉴定结论：鸟巢卸载的成功对类似大跨度、复杂空间钢结构卸载施工技术具有借鉴意义，研究成果填补了国内外大跨度、复杂空间钢结构工程支撑卸载技术的空白，达到了国际先进水平。在研究成果基础上形成了国家级工法《大跨度马鞍形空间钢结构支撑卸载工法》及相关专利。

5.2　国家体育馆的张弦钢屋盖滑移施工

5.2.1　工程概况

国家体育馆位于北京奥林匹克公园南部，是 2008 年北京奥运会三大主场馆之一，总建筑面积 8.1 万 m²，可容纳观众约 1.8 万人，由比赛馆和热身馆组成。国家体育馆建筑平面投影为两个南北向布置的矩形，比赛馆平面尺寸为 114m×144.5m，屋顶高 42.45m，热身馆平面尺寸为 51m×63m，用波浪形单向曲面屋面将两个馆有机地连在一起。整个体育馆的建筑外立面像一把开启的折扇，建筑效果图如图 5-17 所示。

图 5-17　国家体育馆工程鸟瞰图

国家体育馆的下部主体结构采用了钢筋混凝土框架-剪力墙结构与型钢混凝土框架-钢支撑相结合的混合型结构体系，钢屋盖采用单曲面双向张弦桁架钢结构，其上层为正交正放的平面桁架（横向 18 榀，纵向 14 榀），网格间距为 8.5m，结构高度为 1.518～3.973m，钢屋盖投影面积 22835m²，总重量约 3000t。其中上弦、腹杆采用无缝圆钢管，节点为焊接球，下弦采用矩形管，铸钢节点连接，桁架材质为 Q345C。下层为钢撑杆及相互正交的双向预应力空间张拉索网，横向 14 榀，纵向 8 榀带索；结构横向为主受力方向，采用双索，纵向为单索，钢索采用挤包双护层大节距扭绞型缆索，强度等级 1670MPa，$\phi 5 \times 109 \sim \phi 5 \times 367$；撑杆为 $\phi 219 \times 12$ 的钢管，最长 9.248m。桁架通过 6 个三向固定球铰支座和 54 个单向滑动球铰支座支承在周边劲性钢筋混凝土柱顶。图 5-18 所示为钢屋盖的结构轴测视图。

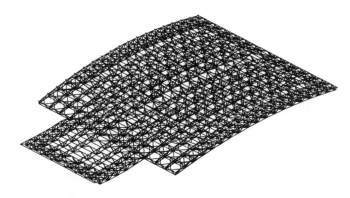

图 5-18　钢屋盖结构轴测视图

5.2.2　施工方案的比选

国家体育馆钢屋架属于双向张弦桁架空间结构体系，在国内大跨度结构中首次采用，其主要结构特点：①南北向为双弧平滑流线型，节点不等高，东西向为平直等高布局；②两向正交正放钢桁架在东西向与南北向几何形态差异大，东西向为平板式结构，南北向为柱筒式拱形结构（图 5-19）；③主馆钢屋架结构在竖向分成两个大的结构层，下部为双向张弦预应力索结构层，上部为正交正放钢桁架；④钢桁架的节点连接均为焊接方式，预应力索及撑杆为专门设计的可拆卸的节点，施工期间预应力张拉的时机及纵横索之间的相互影响规律在施工中必须充分考虑。

综合分析体育馆结构特点、现场条件及工期、成本等影响因素，对高空散装、整体提升、高空滑移三种施工方案进行比选，最终选定了纵向桁架沿横向累积滑移，然后张拉的技术路线。即：纵向桁架先在地面分段拼装，然后在高空组装平台上拼成整榀；组拼两榀后开始拼装节间横向桁架构成滑移单元；向前滑移一个柱距。依次往复，逐跨、逐榀组装纵、横向桁架，逐步推进，直至屋架滑移完成并进行支座就位，然后进行预应力索张拉。屋架支撑体系及滑道平面布置如图 5-20 所示。

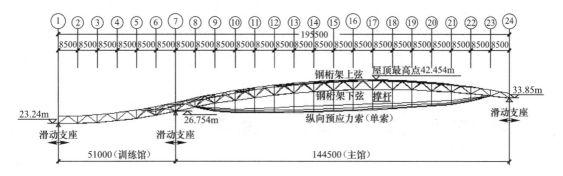

图 5-19　钢屋架南北向典型剖面

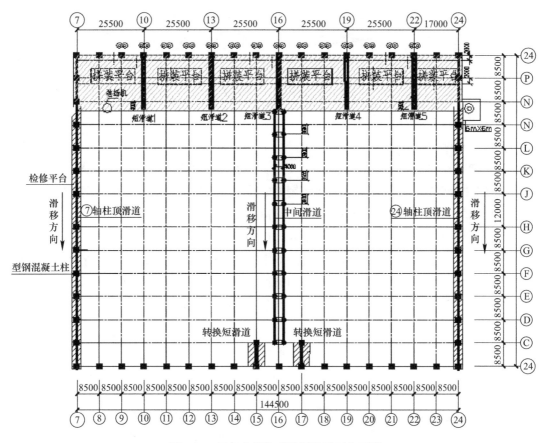

图 5-20　屋架支撑体系及滑道平面布置图

5.2.3　复杂节点的设计

双向张弦桁架结构的滑移、索安装及索力张拉等都要求节点能够满足设计和施工的双重需要，即不仅满足设计上的极限状态要求，而且要在施工上具有良好的可操作性，特别是与预应力张拉有关的节点，合理的节点是保证预应力有效施加的关键技术。

国家体育馆钢屋架的节点形式主要包括铸钢节点、焊接球节点、钢管相贯节点、索撑杆上端的万向球铰节点、索撑杆下端的双向索夹节点、支座节点等。其中，拉索铸钢节点由于节点处相交杆件多、受力状态复杂是进行复杂钢结构节点设计的难点。根据节点所处位置和拉索形式的不同，铸钢节点主要有 4 种类型，如图 5-21 所示。

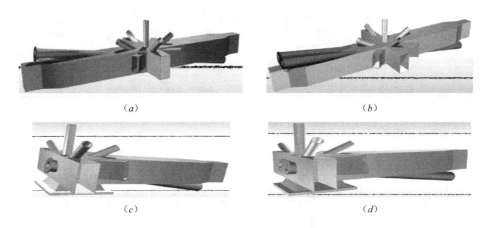

图 5-21　屋架铸钢节点类型

(a) 单索内节点；(b) 双索内节点；(c) 单索边节点；(d) 双索边节点

其中，内节点图 5-21 (a)、图 2-21 (b) 下面无支撑是悬空节点，而边节点图 5-21 (c)、图 5-21 (d) 的下方有混凝土劲性柱支撑。节点处的索锚均设计为冷铸锚，为了降低锚固端铸钢件的重量，在索锚穿入支座铸钢件之前转换为拉杆，拉杆穿出铸钢件锚固在铸钢件支座上部（或背后）。锚具与铸钢件的预留间隙由钢索张拉时的伸长值确定。因此，节点铸钢件的受力是否安全需要通过有限元分析确定。

我们选取 4 类铸钢节点中受力最不利的双索内节点铸钢件进行计算。该铸钢节点由 15 根不同管径和形状的杆件相贯而成，预应力索通过套管锚固于该节点上，计算模型及边界条件如图 5-22 所示。分析过程中考虑材料非线性，采用双线性材料关系，参数为：屈服

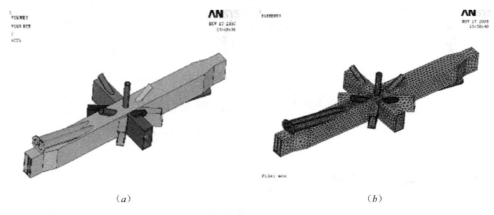

图 5-22　双索内节点铸钢件计算模型

(a) 有限元计算模型；(b) 模型网格划分

强度 $f=230\mathrm{MPa}$，泊松比 $\gamma=0.3$，弹性模量 $E=2.06\times105\mathrm{MPa}$，强化段切线模量采用 $2000\mathrm{MPa}$。运用 ANSYS 软件进行有限元分析，采用 Solid92 单元进行网格划分，总单元数为 31835 个。

根据整体钢结构在最不利荷载组合下计算得到的索力和各杆件受力，作为外荷载施加于各杆件端。计算得出铸钢节点的应力如图 5-23 所示。

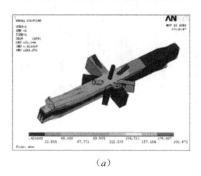
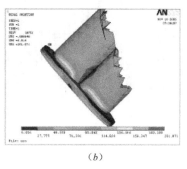

（a）　　　　　　　　　　　　　　（b）

图 5-23　双索内节点铸钢件的应力分布图

（a）节点等效应力云图；（b）局部放大图

经过有限元计算，在拉索套管端部应力较集中，最大应力为 $201.871\mathrm{N/mm^2}$，锚固承压板上应力分布合理，满足铸钢件设计强度（$f=230\mathrm{N/mm^2}$）的要求。

5.2.4　带索同步累积滑移施工

国家体育馆工程采用"地面分段组装，高空整榀拼装，同步累积滑移"的施工工艺。针对钢屋架结构特点和现场技术条件，其中双向张弦结构的滑移施工创造性地采用"带索同步累积滑移"施工方法。

1. 支撑架体系

国家体育馆采用了多种支撑架体系同时满足带索和同步滑移的要求。按施工顺序主要有：拼装平台支撑架和脚手架体系、中间⑯轴位置滑道支撑架、超高滑移胎架。

（1）拼装平台支撑架和脚手架体系

拼装平台支撑架作为滑移桁架的拼装支撑体系，钢桁架在支撑架上完成高空拼接。拼装平台宽度为 17m，位于Ⓠ轴～Ⓝ轴间，标高低于支撑架顶部 0.8m，长度方向是随拼装桁架的台阶面。计算简图如图 5-24 所示。

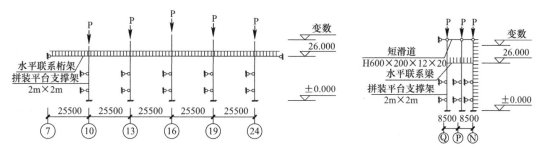

图 5-24　拼装平台支撑架结构简图

根据滑移施工过程仿真计算分析可知，滑移过程中拼装平台支撑架的反力总结为图 5-25 所示，各杆件的应力比云图及统计见图 5-26。

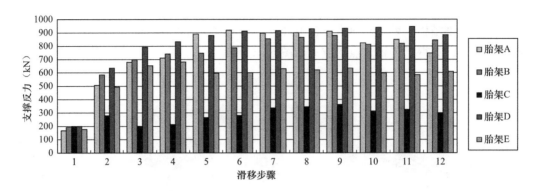

图 5-25　滑移过程中拼装平台支撑架反力图（kN）

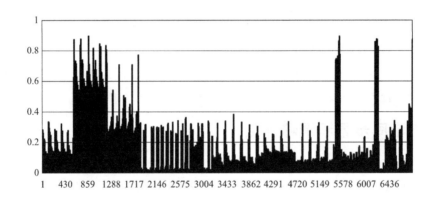

图 5-26　各杆件的应力比统计图

由图 5-26 可见，88% 的杆件的综合应力比小于 0.5，其余杆件应力比亦一般不超过 0.7，超过 0.7 的有 65 根，但均小于 0.9，完全满足强度要求。变形计算亦表明，拼装平台支撑架体系可以满足刚度要求。

（2）⑯轴位置滑道支撑架

滑道支撑架是纵向桁架滑移过程的支撑，布置在⑯轴线，由于看台影响，从Ⓝ～Ⓒ轴通长布置，轨道高度为 24.5m，由间距 8.5m 的标准支撑架外加水平连系杆件组成。滑道支撑架是桁架滑道的传力及承力体系，通过支撑架及结构加固构件将桁架滑移过程中的荷载传递到结构地下室地面。滑道支撑架立面图如图 5-27 所示。

根据滑移施工过程仿真计算分析可知，滑移过程中滑道支撑架的滑靴位置的反力如图 5-28 所示，滑道支撑架应力比统计图如图 5-29 所示。

从应力比云图和统计图可知，滑道支撑架 91% 杆件综合应力比小于 0.5，其余均不超过 0.9，整个结构在滑移施工过程处于安全状态，可以保证施工的安全进行。滑道支撑架的面外稳定完全可以凭借自身刚度保证。

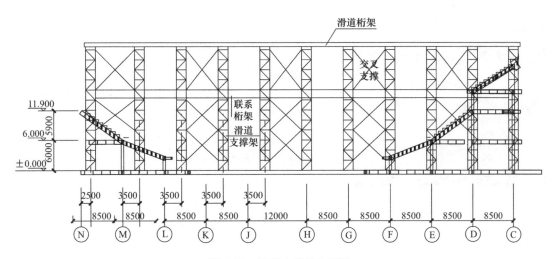

图 5-27　滑道支撑架立面图

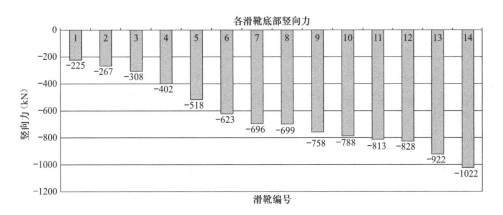

图 5-28　中滑道支撑架滑靴反力图

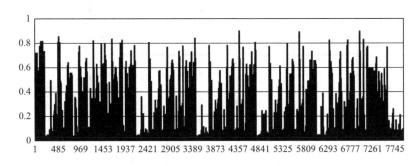

图 5-29　滑道支撑架应力比统计图

2. 拉索安装

在滑移过程中进行拉索的安装是实现带索累计滑移的关键步骤,本工程拉索安装包括横向索和纵向索两个方向,拉索的安装成为滑移过程的一个重要环节,为此专门设计了便于装索的平台和便于穿索的滑移胎架。此外,由于预应力索较长,最长达 140m 以上,穿

图 5-30　拉索安装施工

索时要借助牵引机，穿索过程中尽量使预应力索保持直线状态。图 5-30 所示为工人在安装拉索。

3. 滑移同步控制

为保证钢屋架滑移施工过程中的同步性，滑移采用液压同步控制系统。控制系统根据一定的控制策略和算法实现对设备滑移的姿态控制和荷载控制。在爬行过程中，从保证安全角度来看，应满足以下要求：

（1）保证各个滑移点均匀受载。

（2）保证滑移结构的姿态稳定，使在滑移过程中能够保持同步。

根据以上要求制定控制策略为：将⑯轴临时平台处两台液压爬行器并联，设定为主令点 A，另外⑦轴与㉔轴两台液压爬行器分别设定为从令点 B、C。在计算机控制下从令点以位移差跟踪主令点，保证每个滑移点在滑移过程中始终保持同步（同步精度为±5mm），保证钢屋架在整个滑移过程中的稳定和平衡。

液压同步滑移施工技术采用计算机控制，通过数据反馈和控制指令传递，可全自动实现各个爬行器（平面布置见图 5-31）同步动作、负载均衡、姿态矫正、应力控制、操作闭锁、过程显示和故障报警等多种功能。

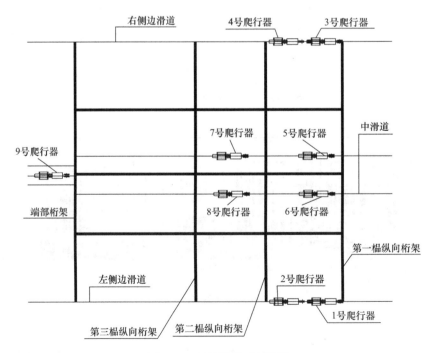

图 5-31　爬行器平面布置图

4. 锁力的张拉

通过 1：10 模型试验，对理论分析进行了验证，对几个不同预应力张拉方案进行了对比筛选，确定了双向索分级张拉施工工艺：预应力施加分三级，第一级施加至设计值的80％，第二级施加至设计值的100％，并超张拉至设计值的105％（每级还要细分若干个小级），第三级进行微调。张拉时纵向和横向拉索对称同步张拉，第一级张拉千斤顶由两侧轴线到中间轴线。第二级张拉千斤顶由中间轴线到两侧轴线移动。预应力钢索的张拉控制采用张拉力和伸长值同时控制，其中张拉力作为主要控制要素，伸长值作为辅助控制要素。张拉时最多需要同时张拉纵、横向各两个轴线的索（6 根索 12 个千斤顶）。图 5-32 所示为预应力施加顺序示意图。

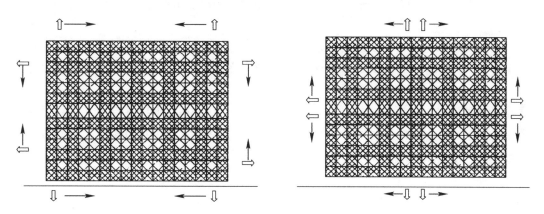

图 5-32 张拉顺序示意图

5.2.5 施工过程仿真分析与监测

1. 施工过程仿真分析

国家体育馆施工过程仿真分析包括施工方案的可行性分析、高空带索累积滑移分析、预应力张拉过程分析。

（1）滑移过程中竖向支承反力的变化分析，图 5-33 为第 2～12 步滑移过程支座反力曲线对比图。

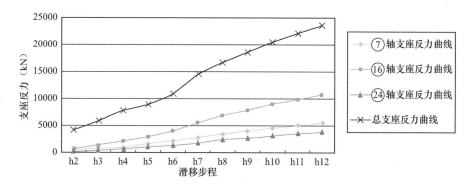

图 5-33 第 2～12 步滑移过程支座反力曲线对比图

（2）钢桁架在滑移状态下的位移分析。图 5-34 为最东侧桁架短滑道支座无约束的下弦节点位移图。

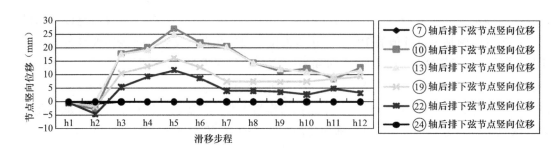

图 5-34　最东侧桁架短滑道支座无约束的下弦节点位移

（3）大跨度双向张弦桁架预应力张拉过程分析。张拉过程分 2 级张拉，共分 14 步完成，第 1～7 步为第一级，第 7～14 步为第二级，图 5-35 为第二级第 14 步的内力分析结果。

张拉计算结果：张拉完成后，结构中部向上拱起 177mm；张拉过程中，结构最大拉应力 193MPa，最大压应力 128MPa，张拉方案满足安全要求；张拉过程中，横向双索最大张拉力 273t，纵向单索最大张拉力 185t。

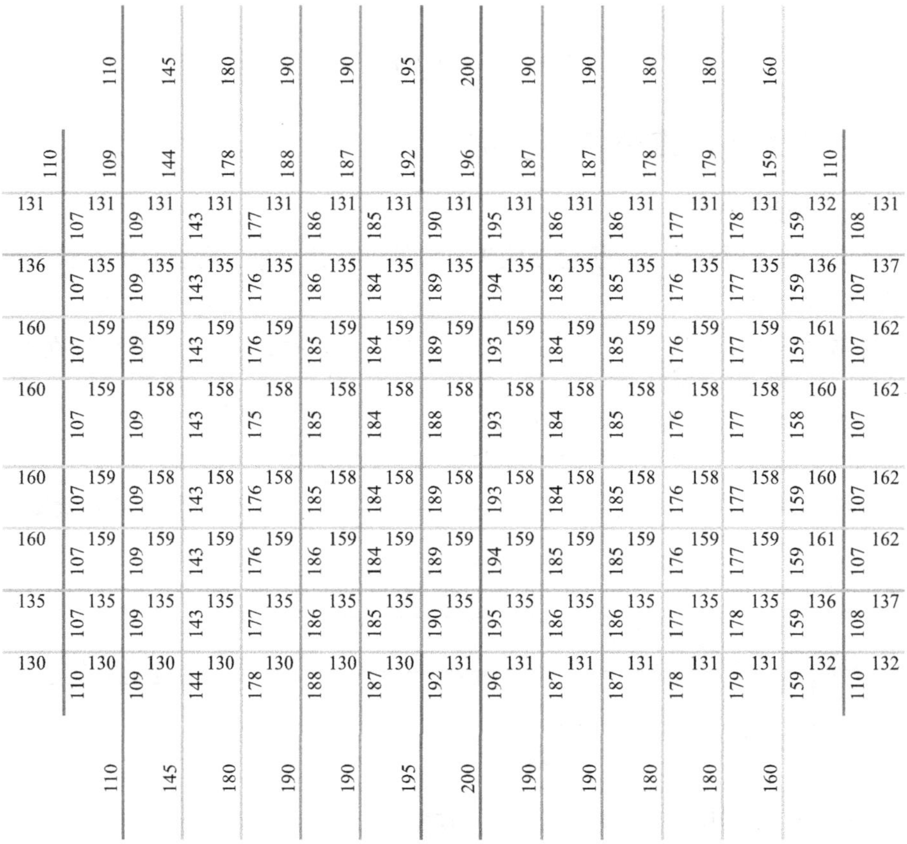

图 5-35　第二级第 14 步内力分布

2. 施工过程监测

施工过程监测是本工程滑移和张拉施工过程中不可分割的一个部分，施工过程监测是确保施工质量、施工安全和施工控制技术的重要依据。国家体育馆大跨度钢屋架的高空带索累积滑移施工过程中需要对滑移桁架结构的节点位移、结构变形、杆件应力、索力、整体滑移姿态等进行实时监测和控制。通过对大跨度钢屋架施工过程的现场监测数据分析，可以进一步与仿真分析的结果比较，将施工对象的状态控制在仿真分析和监测数据的控制之下。

（1）施工过程应力监测。

施工期间结构的受力状态与结构成形后有所不同，部分重要杆件在不同工况下发生了的应力变号且幅度较大，同时在累积滑移过程中的每一个位置到预应力张拉的每一阶段以及成形后、受荷前结构内力状态必须有可靠的监测手段予以监测，否则结构将处于非常危险的不可控状态。

应力监测点的布置，根据张拉施工过程理论模拟计算，对应力变化比较大的点及典型位置点布置振弦式应变计。屋架结构上弦杆、腹杆及下弦杆应力监测点的平面布置位置如图 5-36 所示，截面上振弦式应变计的布置位置如图 5-37 所示，滑移及张拉过程应力变化如图 5-38、图 5-39 所示。

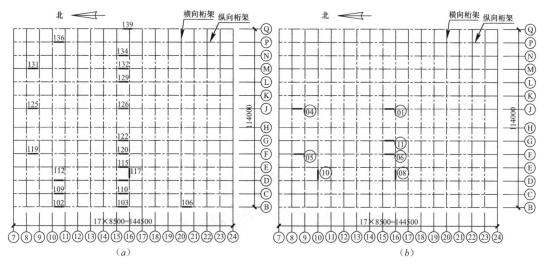

图 5-36　上弦应变片位置平面示意图

（a）滑移施工时；（b）张拉施工时

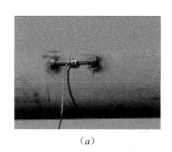 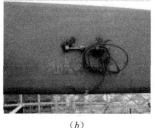 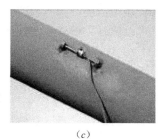

（a）　　　　　　（b）　　　　　　（c）

图 5-37　施工现场布置点示意图

（a）上弦测点；（b）斜腹杆测点；（c）下弦测点

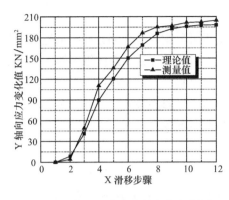

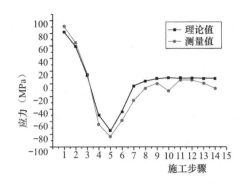

图 5-38　点 110 滑移过程应力变化图　　　图 5-39　点 01 张拉应力理论值和监测值

（2）应用激光扫描法对大跨度钢屋架滑移过程监测。

大跨度钢屋架的滑移过程位移监测属于远距离复杂空间条件的一种测量，采用常规的测量方法工作量巨大、操作危险、信息量小、精确度难以保证。此外，由于屋架结构滑移过程是动态、非线性过程，屋架空间结构的节点众多，杆件之间在视线空间上交叉重叠，因此采用传统的测量方法工作量巨大，而且很难保证测量的准确，也难以获得完整的测量数据。采用激光扫描法可以用较少的测控点获得比较完整的桁架整体形态信息和节点位置信息。对任何部位和过程的异常情况都可以通过监测数据分析得到及时解决。图 5-40 为滑移到第五步时三维激光扫描点云图。

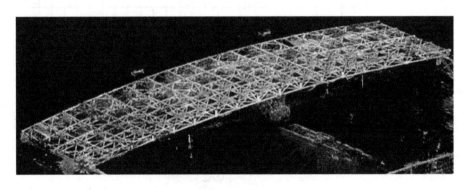

图 5-40　滑移到第五步时三维激光扫描点云图

通过及时监测桁架滑移过程的节点竖向位移，可以对桁架结构的拼装质量和滑移姿态的正常性作出估计。同时，滑移及张拉过程仿真计算结果与现场位移实测值之间的吻合程度，也可以比较分析滑移桁架的安装质量情况和现场技术措施的效用情况。

5.2.6　小结

国家体育馆于 2005 年 5 月 28 日开工，2007 年 11 月 20 日通过竣工验收，在钢屋盖施工过程中，对结构形态、就位精度、应力应变等进行了实时监测，监测数据显示，监测结果与理论分析基本吻合，处于预控范围之内。钢屋盖施工达到了预期目标，取得了很好的效果。在研究成果基础上形成了国家级工法《双向张弦钢屋架滑移与张拉施工工法》及相关专利。

5.3　国家博物馆的双层钢桁架提升施工

5.3.1　工程概况

国家博物馆改扩建工程位于北京天安门东侧，长安街南侧，国家公安部西侧，改扩建后的中国国家博物馆，总建筑面积约为 19.2 万 m²，总高 42.5m。本工程的钢结构主要集中分布在 A2、A4、A5、A6 四个区，如图 5-41 所示。楼面或屋面的承重钢结构均采用钢桁架结构形式，面积约 2.56 万 m²。

图 5-41　国家博物馆的钢桁架结构分区

5.3.2　方案可行性研究

高空钢桁架的安装一般可采用高空散拼、整体提升、高空累计滑移等方法进行。高空散拼是利用吊装机械在高空将钢构件逐一进行拼装，需要在钢桁架正下方范围搭设满堂红脚手架。此外，根据结构荷载要求，还需对地下室进行回顶支顶。高空散拼具有工作量大、工期长、工作效率低、现场焊缝数量较多、焊接难度大、安装完成后高空卸载困难等缺陷。地面拼装—整体提升方法是先将散件在地面胎架上拼装，再利用千斤顶将组装好的钢桁架整体提升到设计标高。此方法具有工作量小、工期短、工作效率高等特点，保证了拼装质量及安装精度。

经方案比选，国家博物馆改扩建工程采用地面拼装—整体提升为主的施工方法，根据各区内桁架自身特点及其所处位置，塔吊能力，周围环境，工程进展的实际情况以及现有的技术能力，对不同分区的桁架采取不同的安装方法，如图 5-42 所示。

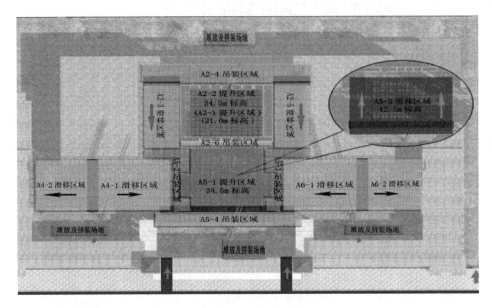

图 5-42　安装施工方案的选择

下面以 A2 区施工为例来说明方案的施工流程。A2-1 和 A2-2 区在⑰～㉔/⑪～⑱轴范围内，以 4.35m 标高处的楼板作为 A2-1 区钢桁架拼装的平台，A2-2 区钢桁架则以 A2-1 区钢桁架形成的拼装平台上进行叠拼。以核心筒剪力墙内及顶部自设的提升牛腿作为提升点，提升下锚点均设于桁架的下弦，提升点的布置与桁架两端一一对应，提升顺序为先整体提升 A2-2，再整体提升 A2-1。

5.3.3　施工流程

1. 整体提升流程

整体提升的施工流程如图 5-43 所示，宏观上可分为以下 3 步：

（1）地面叠拼 A2-1 和 A2-2 钢桁架；

（2）提升 A2-2 钢桁架到设计标高，并与预留牛腿对接合拢；

（3）提升 A2-1 钢桁架到设计标高，并与预留牛腿对接合拢。

其中，拼装后钢桁架的提升采用了计算机控制液压同步提升技术。计算机控制液压同步提升技术采用柔性钢绞线承重、提升油缸集群、计算机控制、液压同步提升新原理，结合现代化施工工艺，将成千上万吨的构件在地面拼装后，整体提升到预定位置安装就位，实现大吨位、大跨度、大面积的超大型构件高空整体同步提升。

2. 桁架整体提升吊点布置

A2 区两层桁架的形式与重量均不相同，合理布置两层桁架的提升吊点，是提升顺利施工的关键。根据两层桁架的结构形式与重量，初步确定每层桁架的提升吊点数量及其布置，并应用有限元计算分析软件，对两层桁架提升的施工工况分别进行模拟，确保在提升过程中构件应力及变形在规范允许范围内，并确定最佳提升吊点位置和提升吊点所需提升力。

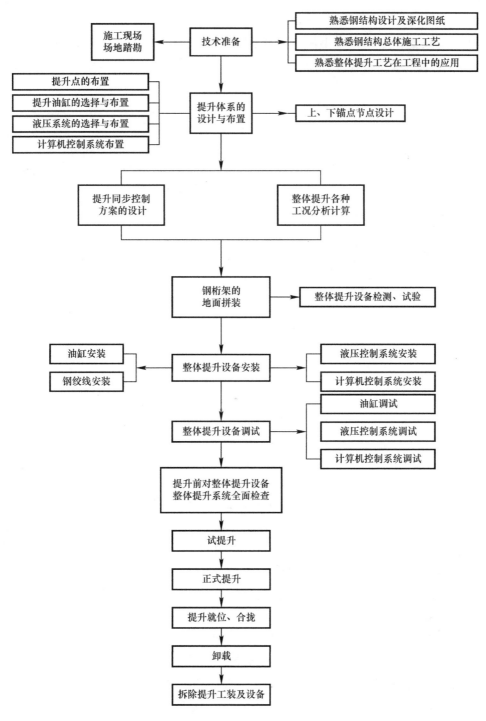

图 5-43 钢桁架的整体提升流程

通过计算软件辅助设计，确定钢桁架的提升吊点数量及提升部位节点的加强做法。在提升点设置加强杆件，保证桁架杆件的应力值不超过设计值。提升区域 A2-1（标高＋21m）总重为 344.43t。共设置 18 个提升吊点，每个提升吊点设置 2 台 LSD40 型液压提升油缸，共 36 台。提升区域 A2-2（标高＋29m），总重为 367.15t。共设置 8 个提升吊点，每个提升吊点设置 2 台 LSD40 型液压提升油缸，共 16 台。A2-2 提升过程中拉索索力如图 5-44 所示，提升安全系数为 1.74。

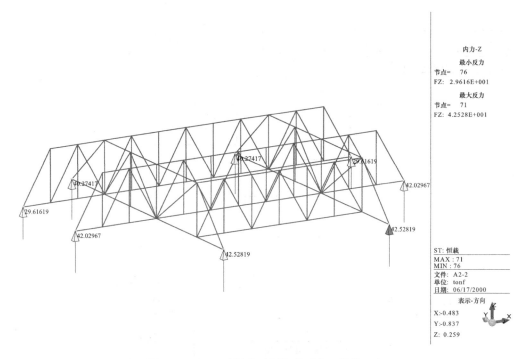

图 5-44　A2-2 区提升过程拉索反力（单位：t）

3. A2-1、A2-2 区桁架的提升流程

步骤 1：大厅四周混凝土剪力墙施工时，需在顶层楼面设置提升牛腿的连接预埋件和卸载牛腿。待整个 A2 区土建工程完工，混凝土剪力墙体达到安装强度要求后，开始在 29.0m 标高桁架牛腿上设置提升点，布设液压提升设备，准备 29.0m 标高桁架的整体提升。提升牛腿设计详见该区安装技术措施。

步骤 2：A2-2 区桁架双向端部均设置提升点，上弦杆处设置提升吊耳，液压提升测试成功后，拆除拼装胎架，开始液压提升。

步骤 3：整体提升过程中通过计算机控制系统保证各个提升点的同步，同时对提升的整个过程进行监控，保证桁架提升的稳定与安全。

步骤 4：29.0m 标高桁架提升至设计标高后就位，搭设安全平台进行焊接。至此完成 A2-2 区桁架结构提升施工。

步骤 5：上部桁架提升完毕后，开始安装 21.0m 标高的桁架提升工件，并连接提升设备，准备下部桁架 21.0m 标高结构的提升。桁架下弦设置提升锚件，针对⑲轴和㉒轴两桁架在同一轴线，投影位置重叠。采取双提升，在下弦杆上设置锚件进行提升。

步骤 6：测试液压提升设备后，拆除拼装胎架，准备液压同步提升。由于该过程结构的提升点比较多，因此对同步要求高。

步骤 7：21.0m 标高桁架提升到位后，搭设安全平台进行焊接。

步骤 8：拆除 A2-1 区的提升牛腿及设备，A2 区中央大厅提升完毕。

步骤 9：补装下层桁架的端部⑰～⑱轴与㉓～㉔轴间钢梁。

步骤 10：补装上层桁架边部钢梁。至此 A2 区中央大厅的两层桁架钢结构安装完毕。

4. 桁架提升过程中结构应力及变形分析

（1）A2-1 应力及变形计算如图 5-45、图 5-46 所示。

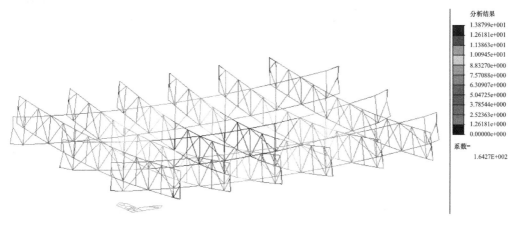

图 5-45　A2-1 结构竖向变形示意图

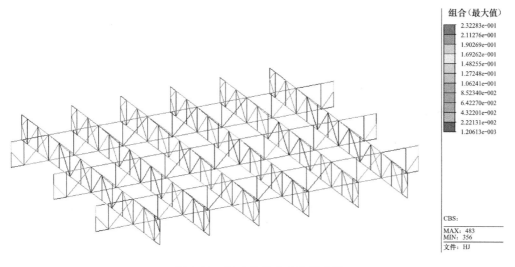

图 5-46　A2-1 结构应力比示意图

通过对 A2-1 桁架整体提升过程中构件竖向变形位移分析可知，最大竖向位移出现在跨中，其值为 14mm，结构挠度 $s/l=1/2928<1/500$，完全满足规范及施工安装精度要求。

通过对 A2-1 桁架安装过程应力比分析可知，杆件等效应力比均在 0.23 以内，构件强度与稳定均满足施工要求。因此采用整体提升施工，既符合结构设计传力的方式，又保证了施工中结构的稳定与安全。

（2）A2-2 应力及变形计算如图 5-47、图 5-48 所示。

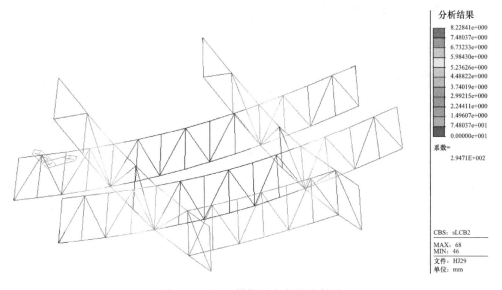

图 5-47　A2-2 结构竖向变形示意图

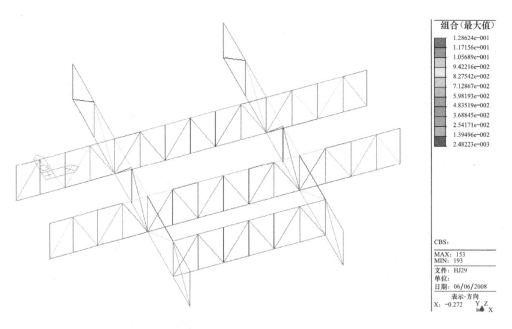

图 5-48　A2-2 结构应力比示意图

通过对 A2-2 桁架结构的吊装变形分析可知，桁架中部节点竖向位移最大，其最大值为 8.3mm，结构挠度 $s/l=1/5900<1/500$，因此桁架提升过程中的结构变形很小，完全满

足结构受力和变形要求。对 A2-2 桁架应力分析可知，杆件的等效应力比均在 0.13 内，杆件均满足应力要求。因此，整个提升过程中桁架结构的变形与应力均较小，完全满足施工要求。

5.3.4 方案实施过程

本工程的双层钢桁架施工采用了正装叠拼、逆装提升的施工顺序。首先拼装下层钢桁架结构，再以下层钢桁架为基础平台拼装上层钢桁架，安装时先提升后拼装的上层桁架，后提升先拼装的下层钢桁架。

在中央大厅 4.350m 标高处先拼装下层的 A2-1 区桁架，将已经拼装好的 A2-1 区下层整体桁架作为 A2-2 区上层桁架的拼装平台，对 A2-2 桁架进行拼装，如图 5-49 所示。正装叠拼的创新点体现在支撑架的创新及运用上，且式支撑架的三维结构保证了自身的稳定性，以顶部钢梁作为简支梁，以立杆作为垂直受力的传递杆件，通过立杆间的水平横杆保持立杆的稳定，形成简易和稳定的整体受力体系，使支架上的施工荷载和桁架自重荷载传递到结构面层。

图 5-49 双层钢桁架的正装叠拼

逆装提升为对拼装好的 A2-2 区上层整体桁架进行提升，然后提升 A2-1 区下层整体桁架。图 5-50 为施工中提升上层桁架。

5.3.5 小结

国家博物馆改扩建工程双层钢桁架现场施工于 2009 年 5 月 5 日开工至 2009 年 5 月 28 日完工，现场施工历时 23 天，通过现场双层桁架的叠拼、逆装提升，实现了双层桁架安装工艺的创新，施工中又成功克服了超大跨度桁架挠度变形、垂直度及侧向弯曲等施工难题。国家博物馆

图 5-50 上层桁架提升中

改扩建工程的钢结构设计和施工的成功，为整体工程按期竣工奠定了基础。在研究成果基础上形成了相关工法及专利。

5.4 3D打印技术及其在雁栖湖国际会都工程中的应用

5.4.1 3D打印技术概述

3D打印技术出现在20世纪90年代中期，实际上是利用光固化和纸层叠等技术的快速成形装置。它与普通打印机工作原理基本相同，打印机内装有液体或粉末等"打印材料"，与电脑连接后，通过电脑控制把"打印材料"一层层叠加起来，最终把计算机上的蓝图变成实物。这一技术如今在多个领域得到应用，人们用它来制造服装、建筑模型、汽车、巧克力甜品等。3D打印的设计过程是：先通过计算机辅助设计（CAD）或计算机动画建模软件建模，再将建成的三维模型"分区"成逐层的截面，从而指导打印机逐层打印。

3D打印在建筑领域尚处于初步研究试验阶段，在国际上，美国、荷兰等国家正在研究和试验整体3D打印建筑。在国内，相关厂商正积极投身3D打印建筑物的实践。图5-51所示为2014年8月在上海张江高新青浦园区内通过3D打印建筑构件拼装成的动迁工程的办公用房，10幢小屋的建造过程仅花费24小时。

图5-51 上海张江高新青浦园区内的3D打印建筑

5.4.2 雁栖湖国际会都工程的3D打印实践

雁栖湖国际会都2014年北京APEC会议工程，位于北京市怀柔区雁栖湖生态发展示范区内，工程所在地位于雁栖湖半岛，东临雁栖湖，西靠燕山山脉，距市中心约60公里。该工程中的6号别墅围墙采用曲面镂空艺术造型，总长度221m，高度为2.6m～3.9m，厚度150mm，总面积约为760m²，如图5-52所示。

为了完美实现建筑设计效果，我们对墙体材料、施工工艺进行了全面的比选，最终确定采用特种玻璃纤维增强复合水泥配合3D打印技术实现墙体板的工厂打印、现场拼装。与传统施工工艺相比，3D打印具有建造速度快、成形效果好等优点。本工程的98个单元板块仅用 1 周就完成了 3D 打印加工，现场安装验收一次性全部合格。图 5-53 所示为安装完成后的成形效果。

图 5-52　6 号别墅围墙建筑效果图

图 5-53　6 号别墅围墙安装完成后的成形效果

第6章

工程安全与质量控制监测技术

6.1 概述

随着现代结构设计、建筑材料和建造技术的发展，工程结构向大型化和复杂化发展，大跨度、大空间、新材料的结构层出不穷，很多结构的设计理论和施工工艺已超出现有规范标准的范围，并缺乏已有的工程实施经验，为工程结构的设计、施工和使用带来诸多难题，也出现过许多起重大结构的安全事故和问题。依靠传统的定期和人力检测不能实时掌握结构安全状态及其变化，需要通过有效的监测系统对建造过程中安全性与工程质量状态进行实时监测与评估控制，主要包括：

（1）结构安装施工要经历一个相对较长的时间，结构各部分在制作和安装过程中的定位偏差累积过大时，影响结构整体定位精度和后续构件的安装，并产生较大的附加荷载。

（2）结构在施工期间的荷载状态及变异（地基变形、季节温度变化、不利荷载组合等）会出现一些与设计计算模型不同的受力状态，依靠常规手段对结构进行动态监控无论在数据采集速度、精确度，还是对测量数据的及时分析等远远不能适应施工的要求。如果不对其变形状态和定位进行及时的动态监控，在事后发现时的校正是非常困难和耽误工期的，有时是根本无法调整的，甚至使结构留有永久的缺陷或安全隐患。

（3）结构在关键安装施工（如整体提升施工）过程中，其施工工艺和质量控制必须通过施工过程中对构件的定位、变形和应力状态进行全方位的动态实时监控，才能达到控制施工质量的要求。在诸如基础沉降、混凝土浇筑和养护期间裂缝控制等工程施工中，监测已成为一个重要的技术手段，监控数据可以为施工方案的制定和修正提供重要依据。

（4）在结构的使用期间，结构的损伤或破坏是一个不断变化的积累过程，受使用荷载、季节温度、风、地震和地基沉降等因素的影响，无法预料的影响结构安全的偶然因素相对较多，通过人力或常规的定期检测手段很难在结构出现危险状态之前察觉或监测到，需要依靠现代高精度的监测分析系统才能对结构的工作状态给出评价。

(5) 在大数据和信息化技术快速发展的背景下，监测技术作为数据采集和处理的重要环节，在与 BIM 技术、通信技术、计算机科学相结合的情况下，成为现代智慧建造信息化的重要组成部分。

为了及时掌握结构的工作状况，保证结构的安全，验证设计理论假设与设计参数取值的正确性，工程安全监测通过对工程结构在气候环境、施工荷载、沉降等因素作用下的安全状态实时监测和评估，并在出现严重异常时触发预警信号，作为工程结构安全控制的主要手段；工程质量监测通过对工程质量控制参数的动态监测，根据监测数据进行技术参数调整、改进施工工艺和监控施工质量。因此，对重大工程结构进行健康监测意义表现为：(1) 监测结构的工作状况（结构在使用环境与荷载作用下的形变、疲劳、累积损伤等），及时对结构的安全状况进行评价；(2) 能够在早期监测到结构损坏或异常状态，及时预警并进行修复，避免重大事故的发生，减少维护费用；(3) 为在重大自然灾害（地震、台风等）后，对结构进行损伤评价和修复提供及时、直接和重要的依据；(4) 提高工程结构的设计理论和结构施工水平，使结构的工作处于更精确的安全可控状态。并促进设计理论水平的提高，提出了结构健康监测的概念，即对结构在建设和使用期间的工作状况和安全性进行监测。

工程结构安全与质量控制监测这一概念于 20 世纪 80 年代中后期提出，十多年来逐渐受到关注并得到很大发展。对结构健康监测的现状分析应包括监测系统开发和相关理论研究两个方面，其中监测系统主要包括：传感器件、监测信号传输和系统网络、监测数据接受处理仪器、监测与安全评估软件系统。监测相关理论研究主要包括：结构特性变异性、结构状态特征提取、结构整体性评估、异常诊断与损伤识别、结构诊断专家系统和震动模态识别等研究内容。目前，结构监测内容基本集中于结构的外部作用（温度、使用荷载、风、地震等）和结构响应（形变、内力或应力、动态特性）。

随着结构健康监测理论研究的不断深入和现代通信、计算机、光电技术等科技的发展，结构健康监测系统开发和工程应用取得了长足的进展，进行结构安全健康监测的重大实际工程逐年增多。自 20 世纪 80 年代开始，英国在总长 522m 的三跨变高度连续钢箱梁桥上布设传感器，进行大桥运营阶段在车辆和风作用下梁的振动、挠度、变形等响应监测，同时监测环境风和结构温度场，该系统是最早安装的较为完整的监测系统之一，实现了实时监测、实时分析和数据网络共享；此后，建立健康监测系统的典型桥梁还有挪威的 Skarnsundet，美国的 Sunshine Skyway Bridge 斜拉桥（主跨 440m），丹麦的 Faroe 跨海斜拉桥和主跨 1624m 的 Great Belt East 悬索桥，墨西哥的 Tampico 斜拉桥，英国的 Flintshire 独塔斜拉桥，加拿大的 Confederation 连续钢构桥，日本的明石海峡大桥，韩国的 Seo-Hae 悬索桥，泰国的 Rama 8 桥（独塔斜拉桥），以及香港的青马大桥、汲水门大桥、汀九大桥等。

在我国，工程安全与质量监测技术的工程应用始于 2000 年左右，在奥运场馆、大跨钢结构、桥梁和大型工业生产设施等方面得到应用，随着现代高新传感技术、通信技术和计算机技术的快速发展，工程安全与质量监测技术不断取得进步和发展，逐步成为智慧建造的重要组成部分，在智慧建造和信息化管理方面所起的作用越来越大。在一些重大工程结构上建立了不同规模的结构监测系统，如上海徐浦大桥、江阴长江大桥、秦山核电站、上海卢浦大桥、深圳会展中心、宝钢炼钢厂房、国家体育场、五棵松体育馆、鄂尔多斯体育中心、伊金霍洛旗赛马场等大型复杂结构工程。

由于结构健康监测经历的时间长，气象、温度、湿度环境等对监测系统的稳定性、耐久性影响较大，监测过程中结构所受施工及使用荷载作用的变化范围较大，要求其监测系统具有良好的稳定性和耐久性能，主要为：（1）监测传感器可靠性高，能进行绝对量测量；（2）监测系统的测量信号长距离传输，集成的系统网络具有自动化和智能化功能；（3）监测传感元件和系统适应结构所处的自然环境，能长期稳定工作。

在结构健康监测系统中，传感方式及其传感器性能，相关的测量信号分析调制仪器系统等是影响监测系统好坏的主要因素。在现有监测系统中，用于结构应变监测的传感器件主要是振弦式传感器，但其测量精度和网络连接方面还存在一定的缺陷，不能完全满足实际工程健康监测的要求。近年来，随着光电、通信和计算机科学的发展，在光纤通信技术基础上出现了新兴的光纤光栅传感技术，以其具有的独特技术优势，成为目前结构健康监测中最有发展前途的传感手段之一。

与传统的检测技术不同，重大工程安全与质量监测不仅要求在测试上具有快速大容量的信息采集与通信能力，而且要求对工程安全与质量状况参数的实时监控和对状态的智能化评估等；重大工程安全与质量监测应用现代传感、通信和网络技术，优化组合结构监测、环境监测、设备监测、综合报警和信息网络分析处理为一体的综合监测系统，也是信息化施工体系的重要组成部分；工程安全与质量监测涉及结构安全监测、施工偏差控制监测、结构状态（沉降、变形等）监测、混凝土浇筑与养护期间裂缝控制监测等内容。

工程安全与质量监测技术由硬件系统和软件系统两部分组成，硬件系统包括传感器、数据采集和传输仪器、运算与存储设备等，软件系统包括数据采集与存储软件、数据处理和显示软件、评估分析软件等。

6.2 监测技术与系统

6.2.1 监测系统及其组成

工程结构安全与质量控制监测根据结构状况和生产使用要求等对结构工作状况进行监测或实时监控，监测系统由以下几个部分子系统组成，系统的拓扑结构见图6-1。

（1）传感器子系统。包括感知元件的选择和传感器网络在结构中的布置，根据监测控制内容和结构工作的环境因素确定。

（2）数据采集与传输子系统。此系统由与传感器匹配的数据采集设备和计算机组成，主要功能是采集传感器的测量信号，并按设定的方式传输到控制中心，传输过程中需要对模拟信号进行调制、处理，转换为数字信号，通过有线或无线方式将信号传输到数据管理与控制系统。

（3）数据管理与控制系统。处理、分析传输来的数字信号，得到所需要的数据、图形或表格，此系统具有数据库存储和管理的功能。

（4）结构安全性评估系统。结构安全性评估系统分为在线评估和离线评估两种方式，在线评估主要对实时采集的监测数据进行基本的统计分析、趋势分析，一般采用与设定的阀值进行对比，给出结构的初步（直接的监测量指标）安全状态评估。离线评估主要对各种监测数据进行综合的高级分析，如模态分析、结构特征值与环境作用之间的相关性分析等，这些评估通常需占用一定的计算时间进行大量的结构分析计算，以便给出结构全面综合的评估结论。

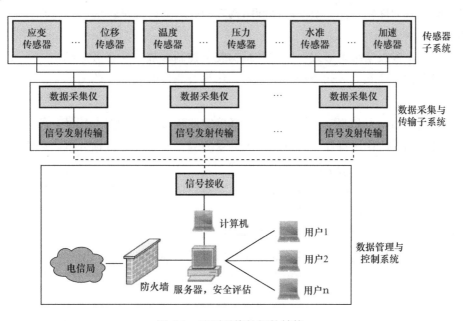

图 6-1　监测系统的拓扑结构

6.2.2　监测测点布置

由于经济和结构运行状态等方面的原因，在所有自由度上安置传感器是不可能，也是不现实的，需要在 n 个自由度上如何布置 m（$m < n$）个传感器的优化问题。目前理论上常采用的方法有：

（1）模态动能法。通过观察挑选那些振幅较大的点，或者模态动能较大的点（MKE方法），其缺点为依赖于有限元网格划分的大小。根据模态动能较大的原则，衍生了侧重点不同的许多方法，如：平均模态动能法（AMKE），计算所有待测模态的各可能测点的平均动能，选择其中较大者；特征向量乘积法（ECP），计算有限元分析的模态振型在可能测点的乘积，选择其中较大者。

（2）有效独立法。Kammear 提出的有效独立法，是目前为止应用最广的一种方法。它从所有可能测点出发，利用复模态矩阵的幂等型，计算有效独立向量，按照对目标模态矩阵独立性排序，删除对其秩贡献最小的自由度，从而优化 Fisher 信息阵而使感兴趣的模态向量尽可能保持线性无关。

（3）模型缩减法。该种方法也是一种较为常用的方法。它能较好地保留低阶模态，并不一定代表待测模态，Callahan 和 Zhang 基于上述限制，分别提出改进缩减系统（IRS）和连续接近缩减方法（SAR）。

（4）奇异值分解法。由 Park 和 Kian 提出。通过对待测模态矩阵进行奇异值分解，评价 Fisher 信息阵，舍弃那些对信息阵的值无作用的测点。该方法不仅尽量使目标模态矩阵线性独立，而且提出了每一次迭代时舍弃测点的允许数目。

（5）基于遗传算法的优化。采用可控性和客观性指数来获得所有控制模态的累积性能值，以这些指数为优化指标。使控制器和结构之间有最大的能量传递而且根据控制律使剩余模态的影响最小。

监测测点布置根据结构形式、监控及结构安全控制参数等综合考虑确定，一般以监测控制结构安全的直接参数（如变形、应力等）作为监测传感测点，监测测点的布置应按以下原则进行：

（1）根据结构特点和鉴定评级需要，选择确定监测参量、监测点数量、位置与监测时间；并根据结构上的作用特性，对可能出现的受力与变形状态进行预分析，以确定结构安全性和使用性级别所对应的监测数据范围。

（2）根据结构形式和监测参数，按下述原则进行传感器测点布置：①进行结构承载力为主的监测时，监测点应布置在结构应力应变控制点；②进行温度为主的监测时，监测点应布置在可对结构总体温度进行监控的控制点；③进行结构动态性能及振动为主的监测时，监测点应布置在结构模态分析前 3 阶振型所必需监控的控制点；④进行结构变形参数为主的监测时，监测点应布置在结构空间变形主控制点；⑤进行荷载与结构形式复杂、无法建立准确的结构计算分析模型结构的监测时，监测点应布置在对结构受力模式可能产生影响和受力特殊的部位；⑥监测测点应尽量布置在温度较低与环境温度变化小的部位，避开生产或检修影响与干扰区域；⑦监测测点应尽量布置在传感器安装与更换方便的位置，且能够进行传感器及其附属件与传输线防护。

6.2.3 监测传感器选型

监测传感器选型除满足一般环境要求外，必须考虑环境温度、电磁干扰和灰尘等不利因素的影响，传感器选型原则为：

（1）具有较好的长期工作稳定性，不能因传感器自身原因导致监测期间测试数据的漂移或奇异。

（2）传感器精度满足实际工作需要，以控制监测数据稳定性为主。

（3）传感器性能与系统安装能够抵抗监测环境的干扰，包括电磁、温度、振动等因素。

（4）传感器应具有满足监测周期要求的耐久性，在耐久性无法满足时，应具有良好的更换性。

（5）传感器应具有较强的防护装置，能防护监测环境腐蚀或施工生产期间的碰撞等坏损。

传感器系统选择应根据监测量可能的变化或实时监测要求、监测环境、监测时间等选择，根据目前传感技术水平，各种传感器的选择范围如下：

（1）应变传感器。监测应变及其变化对初始状态的依赖较强时，监测静态应变时宜选择光纤传感器和振弦式传感器，监测动态应变时应选择光纤传感器，而对于电磁干扰较小的环境可选择经老化封装处理的电阻应变传感器；当监测应变为短时变化量（具有短期周期性的工作状态）时，应变传感器可选择光纤光栅传感器和经老化封装处理的电阻应变传感器。

（2）位移传感器。位移传感器一般指各种位移计，按位移计的内部传感元件划分，有激光位移计、GPS 监测系统、光纤光栅位移计、振弦式位移计、电阻应变式位移计、差动电磁式位移计、光学全站仪和三维激光扫描系统等。接触式位移计安装的精确性较差（主要是与基准点的安装），因此，有条件时尽量选择非接触式的激光位移传感器。对于动态测量情况，不能选择 GPS 监测系统和振弦式位移计。当监测应变为短时变化量（具有短期周期性的工作状态）时，位移传感器可选择光纤光栅式位移传感器、激光位移计和电阻应变位移传感器。在现场通视条件较好时，对于静态变形监测也可选择全站仪或数字成像方式进行监测。

（3）动态传感器。对于振动较大，影响结构安全和正常生产的结构或构件，一般监测结构动态特性、动态应力和动态变形。针对不同监测需要，传感器选用的方法为：当进行结构动态性能及其变化的监测时，一般选用压电式和光纤光栅加速度传感器，需要由加速度积分获得位移时，尽量选择有硬件积分的动态传感器（如电磁式传感器）；当监测结构动应变及其变化时，应采用具有动态测量性能的应变传感器，一般为光纤光栅传感器或电阻应变传感器；当监测结构动态位移及其变化时，在有安装传感器基准位置的情况下，选择具有动态性能测量的位移传感器，对于没有安装传感器基准位置的情况，尽量采用速度传感器通过积分获得结构动态位移的监测值。

（4）温度传感器。温度传感器除安装防护条件外，主要依据测温范围确定，热电偶和光纤光栅温度传感器适合安装或埋入在结构内部的情况，而对于监测温度较高的情况，一般应选择远红外测温传感器。

（5）其他传感器系统。对于易燃易爆环境的安全监测（如煤气、液化气等容器或环境），应选择光纤光栅、三维激光扫描系统与声发射等不需要供电的传感器系统；对因温度过高而无法安装传感器的环境，应选择超声波、激光、成像等非接触传感系统；采用静力水准系统进行变形监测时，为减小因温度差异导致大的测量误差，应保证各传感器温度基本一致。

6.2.4　数据采集与传输系统

数据采集与传输系统包括采集和传输两部分，对于简单的监测系统有时将数据采集和传输合成为一体。一般地，数据采集部分是与监测传感器系统配套的数据采集或分析解调仪器，负责将传感器测量的数据按照标定关系转换成电压信号或数字信号，这些信号通过导线或 485 线可传输到控制机；光纤传感器一般为数字信号，通过光纤传输。具有一定规模的监测系统除数据采集系统外，还单独设计信号传输系统，目前，信号传输系统完全应用现代通信技术组集，包括有线和无线传输两种。有线传输以光纤传输的优势明显，具有传输距离远、抗干扰性强和信号数字化等突出优点；无线传输则可通过 GPS 网、小电台等方式进行传输。监测数据通过数据传输系统可将监测数据传输到专用的监测（控）主机，也可以传输到网络服务器上。随着现代通信技术和计算机技术的发展，监测系统中的数据采集和传输系统功能越来越强，对完善结构安全监测技术起到了较大的促进作用。

数据采集、制动控制、网络传输与通信技术设计应采用国际组织和国际产业部门认可的标准和通信协议，数据采集和传输系统的功能设计需要考虑以下问题：

（1）系统具有自动对各传感信号进行采集、同步传输、自动存储和便于查询的功能。

（2）系统应具有识别传感器与子系统故障和报警的功能。

（3）系统具有对所监测数据进行自检、互检和标定功能。

（4）系统具有单点故障不影响控制网络其他部分的功能。

（5）系统具有一个或几个部件在发生临时断电时，系统的每个部件能自行重新连接和保证同步的功能。

（6）数据采集软件应界面友好，便于操作，具有数据捕获、筛选和档案处理功能。

（7）系统具有良好的兼容性、可扩展性和开放性。

数据采集和信号传输系统的设计主要考虑以下几个因素：

（1）为克服现场电磁环境干扰，数据采集系统与传感器之间使用屏蔽性能好的传输线，并进行良好的接地，有条件时采用光纤传输方式。

（2）对于环境较差的情况，数据采集和信号传输设备一般应布置在专门的控制机房，可以减少灰尘、水汽等对设备的损坏。

（3）对于钢结构工程，在使用无线信号传输时，为了克服因屏蔽影响信号的传输，一般需要通过中继站的方式进行信号传输。

（4）安装在现场的数据采集和传输设备，应选择有较好耐久性的设备，并做好安全防护。

6.2.5 结构安全性评估系统

1. 结构安全性评估方式

安全性评估系统分为在线评估和离线评估两种方式。在线评估主要对实时采集的监测数据进行基本的统计分析、趋势分析，一般采用与设定的阀值进行对比，给出结构的初步（直接的监测量指标）安全状态评估。离线评估主要对各种监测数据进行综合的高级分析，如模态分析、结构特征值与环境作用之间的相关性分析等，这些评估通常需占用一定的计算时间进行大量的结构分析计算，以便给出结构全面综合的评估结论。

评估系统按传感器、截面、构件、传感器逻辑组、监测区段对结构物理状态进行多级评估，评估的主要手段是应用层次分析法。一种是物理层次的评估，即传感器→截面→构件→监测区段，主要评估手段是根据测量值进行单级或多级评估；另一种路线是逻辑层次的评估路线，即传感器→传感器逻辑组→传感器逻辑组间相关分析组→监测区段，主要评估手段是根据传感器的测量值进行单级打分，然后在逻辑组和相关分析组内确定一个指标或一套指标体系，进行加权打分，各级评分逐级上传，最后形成监测区段的总评估结果，见图 6-2 所示。

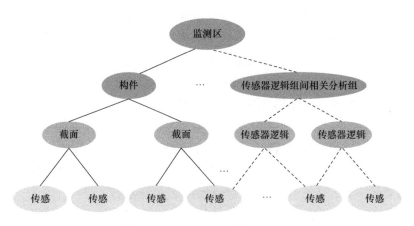

图 6-2　模块层次评估法

2. 结构损伤识别

结构损伤识别基本上可以分为两大类：局部法和整体法。整体法试图评价整体结构的状态，而局部法则依靠对某个特定的结构部件进行测试或检测，判断是否有损伤及损伤的程度，整体法和局部法在大型结构的损伤识别中结合使用效果较好，首先由整体法识别出损伤的大致位置，然后由局部法对该处的各部件进行具体的损伤检测。

（1）整体检测方法。

整体检测方法大致分为动力指纹分析法、模型修正与系统识别法、神经网络法和遗传算法。

（2）局部监测、检测方法。

目前常用的局部检测方法有目检法、染色法、压痕法、回弹法、超声脉冲法、射线法、磁粒子法等。

3. 工程结构安全与质量控制监测实用评估方法

针对工程结构安全与质量控制监测、监控参数一般比较单一，且常常针对一个或几个构件进行（如大型钢结构施工期间的安全监测，一般只进行关键部位的应力与变形监测），结构损伤的识别基本采用指纹分析法，通过建立与指纹相应的结构安全状态时的一系列先验预估的损伤对应的数据库，然后将发生损伤时的指纹与其比较，进而识别损伤。这种方法中间环节少，能够直接评估显示被监测结构的安全状态，在实际工作中，结构安全状态所评估的指纹参数往往就是传感器直接测试的量。

6.3　监测技术研究开发

国内工程结构安全与质量监测的研究开发始于 2000 年左右，同时也在进行实际工程监测实践，监测系统的功能越来越全面，但还不能完全满足实际工程应用要求，存在的主要问题是监测系统的使用寿命相对结构较短，目前安装的监测系统寿命基本都小于 10 年；另一方面，对于复杂工程结构，有限的监测测点数量很难满足工程要求，而传感器数量增加后，不但所需的经济费用增加，监测系统也变得复杂和运行质量降低，如传感器中有一个出现故障就会对整体造成影响。为提高对结构实际状态的监测与识别精度，满足工程实际需要，有关单位和技术人员进行了大量有关工程结构安全与质量监测的研究开发，研发基本集中在两个方面：一方面，研究开发提高监测系统的稳定性并扩大监测数据的信息量，通过硬件系统获得更多的结构状态数据，这方面的技术进步明显，也在实际工程中得到了应用；另一方面，研究在有限的传感监测点情况下，通过结构损伤识别理论获得结构状态信息，但由于现有的计算分析软件还不能完全模拟复杂结构与复杂荷载工况，虽然各种结构损伤识别理论较多，但能够应用于实际工程结构损伤状态判断的实用技术还很少，基本是通过直观的应力、变形等力学参数判断结构的安全状态。

6.3.1 光纤光栅传感技术研发

在实现光纤光栅大规模工业应用的过程中，存在着如何分辨应力和温度的交叉敏感性、光栅布拉格波长的移动、解决传感器蠕变问题以及保证传感器性能稳定等问题，这些都是光纤光栅传感技术实用化需要解决的问题。光纤光栅波长移动以及分辨应力和温度的交叉敏感性问题通过解调运算的方法解决，提高光纤光栅传感器的长期稳定性、减少蠕变是需要解决的另一个关键问题，光纤传感器非胶封装技术研究针对提高光纤光栅传感器稳定性和减少蠕变而进行。

目前所使用的光纤光栅应变传感器大都使用环氧树脂胶封装光纤光栅。由于环氧树脂胶具有如下的缺陷：（1）不增韧时，固化物一般偏脆，抗剥离、抗开裂、抗冲击性能差。（2）对极性小的材料（如聚乙烯、聚丙烯、氟塑料等）粘结力小，必须先进行表面活化处理。（3）有些原材料如活性稀释剂、固化剂等有不同程度的毒性和刺激性，这使得以环氧树脂胶封装的光纤光栅应变传感器存在耐久性问题，同时胶的变化也会引起器件波长蠕变，使得传统的光纤光栅应变传感器使用寿命不超过 2 年。

针对以上问题，本项目研发的传感器基于非胶封装的解决方法而研制的。其技术要点为：

1. 非胶封装技术

非胶封装技术是目前国际上最新的一门封装技术之一，其目的就是通过替代胶类封装的同时解决由于胶类的不足所造成的封装器件的各种性能上的弊端，以达到提高器件使用率、延长器件寿命的目的。特别是，在应变传感器中，由于胶类在高温度或高湿度环境下往往失效或性能变差而导致器件使用的缺陷。这个弊端在应变传感器上尤其被体现出来。

非胶封装技术是利用低熔点特种金属焊接材料来代替传统的环氧胶的封装技术。非胶封装技术选用特殊高分子材料，依靠焊料在 600～800℃的高温条件下熔化来实现对光纤与基底材料进行焊接固定，其封装条件非常苛刻，需采用可调恒温式激光焊接，封装装置需采用光学平台及高精度微调系统，并且在封装时对焊接点采用高倍数放大成像系统。理想状态是在真空状态下进行封装，这样的焊点强度将更为可靠。焊料本身具备高强度，无蠕变，不怕水，耐 400℃以下高温，耐腐蚀等优点。

2. 传感器封装方法与结构

图 6-3 是表面安装式光纤光栅应变传感器内芯结构，传感器包括弹性梁和光纤光栅，光纤光栅固定在弹性梁的两端。

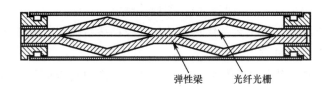

弹性梁　光纤光栅

图 6-3　光纤光栅应变传感器

光纤光栅应变传感器的安装过程极为简便，将安装底座焊接在被测物体上，将光纤光栅应变传感器装上安装底座，调节光纤光栅应变传感器，使弹性梁被拉伸，由于光纤光栅固定在弹性梁两端，所以光纤光栅同时被拉伸，波长便发生了相对应变化，这样便可根据需要调节光纤光栅应变传感器的初始波长位置，然后将传感器固定即可。

可通过拉伸光纤光栅应变传感器，调节其中心波长到需求位置；也可实现光纤光栅应变传感器波长的更稳定性。另外，光纤光栅应变传感器在使用的安装过程通过调整预拉伸量，从而调整光纤光栅应变传感器初始中心波长，以确定光纤光栅应变传感器的初始状态。

与传统传感器相比，其优越性在于：如需要光纤光栅应变传感器的测试范围在 $0\mu\varepsilon$～$3000\mu\varepsilon$，则将光纤光栅应变传感器调整到初始波长即可；需要光纤光栅应变传感器测试范围在$-1500\mu\varepsilon$～$+1500\mu\varepsilon$，则将光纤光栅应变传感器预拉 $1500\mu\varepsilon$ 位置；需要光纤光栅应变传感器测试范围在$-3000\mu\varepsilon$～$0\mu\varepsilon$，则将光纤光栅应变传感器预拉 $3000\mu\varepsilon$ 位置，也就是说其在测试范围的选择上相当灵活。另外，该光纤光栅应变传感器零点波长可以在安装后进行调节，不存在因安装而引起的波长漂移问题。

该类型传感器既适用于测试负应变，又适用于测试正应变，且零点波长可以在安装后进行调节而不发生漂移，传感器还拥有临时安装，并可拆卸，重复安装使用的设计。主要用于测试混凝土及钢结构表面上应力变化（如大桥、大坝、钢骨架结构、高楼承重梁等），达到监测及预防的作用。

3. 光纤光栅传感器技术特性

采用非胶封装工艺使得光纤光栅应变传感器具有以下技术特性和优势：

(1) 可进行分布式测量，单根光纤可以串接多个光纤光栅传感器，只需占用传感网络分析仪的一个通道。

(2) 测量精度高：测温精度±0.5℃，测温分辨率 0.1℃；测量应变分辨率 $1\mu\varepsilon$。

(3) 耐久性好：具有抵抗包括高温在内的恶劣环境及化学侵蚀的能力。

(4) 传感器质量轻，体积小，对结构影响小，易于布置。

(5) 传感器检出量是波长信息，属于数字量，因此不受接头损失、光缆弯曲损耗等因素的影响，对环境干扰不敏感。

（6）支持无人值守监测站应用。

（7）单根光纤单端检测，具有传输线路自愈合功能，可靠性高。每条传感链的首端及尾端均通过接头引出，正常工作过程中只需将首端接头连接到监测站即可实现所有测点的远程自动监测。一旦施工或使用过程中不可抗拒因素导致传感链断损，可以将该传感链对应的尾端接头也连接到监测站，此时该传感链的所有传感器以断点为界分别经由首端接头和尾端接头将各自测温信号传送给监测站，实现传感链的愈合。

（8）采用石英光纤的焊接工艺替代目前的环氧胶粘接石英光纤的工艺，可使焊点强度大大增加，产品长期稳定可靠。

（9）采用无机焊料替代传统环氧胶填充，使产品的高温稳定性得到显著提到，可以承受更高的环境温度。

（10）焊料为化学惰性，不与环境产生化学反应、不氧化，老化性能好，使产品具有更长的使用寿命。

（11）由于焊料本质耐水、耐酸碱，使产品具有不怕水、耐腐蚀的性能。

4. 新型光纤光栅传感器性能试验

针对非胶封装的光纤光栅应变传感器的性能进行试验研究。应变传感器的性能指标主要有精度、分辨率、线性性、可重复性等内容，对于应用于结构健康监测的应变传感器来讲，还需要具有良好的长期稳定性。其中，传感器的精度、分辨率、线性性、可重复性等性能采用等强度梁实验进行研究，长期稳定性则通过将传感器固定在钢板表面定期读数的方法进行研究。

（1）传感器分辨率。

传感器的分辨率是指传感器能够测量到的最小应变变化量。试验结果为：传感器能够测量到的最小应变变化量小于 $2\mu\varepsilon$，其分辨率小于 $2\mu\varepsilon$。

（2）传感器测量精度。

通过对比光纤光栅传感器的测量值和理论计算值来检验其精度。光纤光栅传感器具有良好的测量精度（3.1%），并且结构产生的应变越大，传感器的测量结果越精确。

（3）传感器线性性实验。

传感器的线性性是指传感器反射波的中心波长与测量对象产生的应变之间的线性相关程度。衡量传感器线性性的指标是传感器反射波中心波长—荷载/应变曲线的线性拟合度。线性拟合度均大于 0.999，最小值为 0.9991，最大值为 0.9999，光纤光栅传感器的反射波中心波长与荷载/应变之间具有很好的线性性，如图 6-4 所示。

（4）传感器可重复性实验。

传感器的可重复性是传感器在重复使用时其分辨率、精度、线性性等性能是否保持不变。本项目对两个相同的加载—卸载过程进行应变测量，然后通过比较测量结果来检验传感器的可重复性。典型的试验结果见图 6-5，结果表明光纤光栅传感器具有良好的可重复性。

（5）传感器长期稳定性。

传感器的长期稳定性是指传感器在其全部使用寿命期间，其精度、分辨率、线性性、

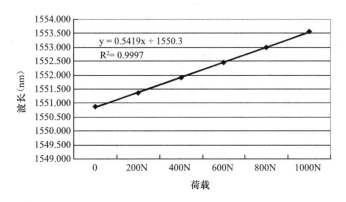

图 6-4　光纤光栅传感器线性性试验曲线

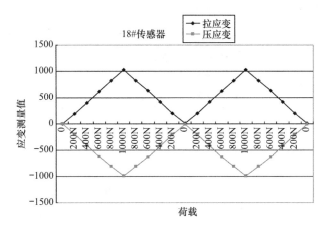

图 6-5　传感器应变测量值—荷载曲线

可重复性等一系列性能能否保持稳定。首先将光纤光栅传感器固定在一块钢板表面上，然后预拉传感器中的光纤光栅使其产生一定量的拉应变，以此模拟传感器的实际工作状态，此后不定期地读取传感器读数，观察传感器读数的变化。

实验结果的分析表明，光纤光栅传感器在长期测试过程中保持了很高的精度和很好的线性性，进而表明该类光纤光栅传感器具有很好的长期稳定性，可以满足结构长期健康监测的要求。

（6）传感器在高温高湿环境下稳定性对比。

测试在 80℃和 80％湿度的条件下测试两种不同封装工艺传感器的可靠性和稳定性，即非胶封装工艺和环氧胶封装工艺的光纤光栅应变传感器的长期可靠性和稳定性，把两种不同封装的光纤光栅应变传感器各若干只，同时放置在环境试验箱中，环境试验箱设定温度为 80℃，湿度为 80％，每天 24 小时不间断工作，同时使用光波长计测试系统和光纤光栅解调仪同时在线测试。

试验结果表明，环氧胶封装的光纤光栅应变传感器在高温高湿环境中会产生蠕变，根据光纤光栅波长与应变值的变化经验值可知，其应变值变化约为 $225\mu\varepsilon$。而采用非胶封装工艺的传感器在高温高湿环境中变化很小，仅在 0～12pm 范围内波动。非胶封装工艺光纤光栅传感器比采用环氧封装工艺光纤光栅传感器在高温高湿环境下拥有更好的稳定性。

6.3.2 基于超声技术的位移自动测量技术

针对中距离测试结构变形情况，为解决在自然环境下结构变形监测测试（如钢结构支座滑移，桥梁结构支座滑移等）问题，重点解决系统测试的精度、稳定性，特别是适应不同季节自然温度变化情况下（包括雨雪天气影响下）的监测测试工作效能。由于北方冬季最低温度可能接近甚至超过零下40℃，极易出现结冰，因此，传统的伸缩杆式或拉线式位移传感器难以满足实时在线监测的需求。同时，支座滑移属于水平位移，采用激光测距方式又容易受太阳光干扰；此外，对于位移变形测点较多，分布范围大和野外工况，如何进行可靠、实时的数据传输，避免环境电磁干扰，也存在诸多技术难题。

与激光测距方式相类似，超声测距也是一种典型的非接触式的测距方式，而且和激光相比，超声波具有防尘、防雾、防毒、抗电磁干扰能力强、不受色彩和光线影响等优点，因此，从技术特征上能够满足野外环境应用要求。

国内外都有成熟的超声位移测量产品，在无损检测、现场机器人、车辆自动导航、液位测量等工业领域都有广泛应用，而在土木工程结构监测领域却鲜有应用，这主要是因为：

（1）土木工程结构大都处于野外环境，温度波动大，比工业领域对传感器的工作温度范围要求更高。

（2）土木工程结构监测点多、分布范围广，对传输距离和抗环境干扰能力要求高。

（3）要求7×24小时在线监测，无人值守运行。对监测系统的可靠性、故障自恢复能力和信息自动化处理能力要求苛刻。

（4）对监测点的布点位置和测量指向性要求严格，而且经常受到周边结构的空间限制。由于超声测距传感器的指向性与其辐射面的尺寸和工作的频率有关，频率越高指向性越好，但目前国内超声测试技术主要以40kHz超声测距仪为主，指向性差，为此需要增大辐射面积或加上抛物线形、锥形等聚声罩来控制指向性，以减小扩散损耗，增强回波强度，往往不能满足土木工程应用环境的要求。

因此，本项目中，对超声位移计进行了一系列创新性的应用改进，使超声位移计在测量指向性、低温适应性、小量程测量精度、远距离组网传输能力等多项关键性能指标上取得了重要技术突破，最终成功实现了对伊金霍洛旗赛马场钢结构支座滑移变形的高精度、实时在线监测。

1. 基本原理和方法

在目前的超声测距技术中，常用的是脉冲回波法，其原理是通过超声换能器发射超声波，并接收从障碍物发射回来的回波信号，以确定超声脉冲从发射到接收的射程时间t，然后根据超声波传播速度，计算超声波换能器与被测物体之间的距离d，即

$$d = \frac{1}{2}c \cdot t \tag{6-1}$$

式中，c为声波传播速度，主要与环境温度等有关。

2. 超声位移计的精确标定及软件自动校准

在本项目中，对于结构位移变形正常变化范围在几十毫米至一米情况，传感器安装的测距点可以在 0.5m～1.2m 的范围，为了提高现场测量精度、最大限度发挥超声位移计的准确测距能力，首先对超声测距仪的测试精度、稳定性和适应环境进行准确试验分析研究。为此，设计加工了一套标定制具，在平台上安装一块和现场所使用的尺寸相同的 14cm×14cm 平板，把超声位移计安装在精密移动滑轨支架上。标定步骤如下：

（1）将超声位移计的测量范围设定为与现场工况相同的 400mm～800mm 测量工作范围。

（2）把支架安装在平台上，测试平板和超声位移计前端距离为 400mm，通过软件设定此时为最近限位，此时超声波测距仪的输出电流调整为 4.00mA。

（3）将支架沿精密滑轨平移，使测试平板和超声位移计的前端为 800mm，通过软件设定此时为最远门限，此时超声波测距仪输出电流调整为 20.00mA。

（4）在标定范围内，电流和距离成正比关系。由此得出实测距 L 和电流 A 的系数：

$$L = 400 + (A-4)/(20-4) \times (800-400)(\mathrm{mm})$$
$$L = 400 + (A-4) \times 25(\mathrm{mm})$$

标定装置如图 6-6 所示。

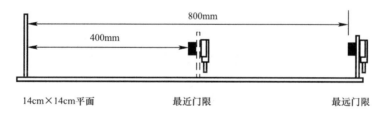

图 6-6　超声位移计现场精确标定原理

标定数据输入测量软件，由软件自动完成对所有超声位移计的初始化参数设定，达到现场实际环境中精确位移测量的目的。

3. 超声位移计的测量指向性设计优化

将超声位移计的工作频率设定为 224kHz，远超过工业测量领域超声位移计 20～40kHz 的工作频率，由此极大地提高了超声位移计的指向性，如图 6-7 所示。

在本项目中，超声位移计在有效测量范围内的最大波束扩散直径不超过 75mm，完全适用于支座滑移测量对传感器安装空间尺寸的要求。

4. 超声位移计的低温工作能力提升及数据自动传输系统设计

本项目中，为超声位移计设计了专门的智能化半导体加热器，并集成支座在超声位移计的壳体内部，使得超声位移计的低温工作温度扩展到 −50℃。壳体的防护等级达到 IP67，满足了现场使用环境要求。

利用超声测距传感器，本课题研发了用于实际工程监测和测试需要的测试系统，具体为：采用工业级光纤总线电流采集器，将超声位移计输出的 4～20mA 电流值转换为光纤传输的 RS422 总线信号，不但实现了光电隔离防雷，而且可以实现超声位移计之间的串接

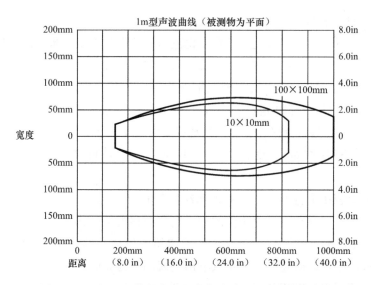

图 6-7 224kHz 工作频率的超声位移计测量指向特性曲线

组网及远距离传输，极大地提高了抗电磁干扰能力，使系统的可靠性显著提升。同时，可以通过计算机进行远程参数设定和测量，实现了支座滑移数据的自动化采集，如图 6-8 所示。

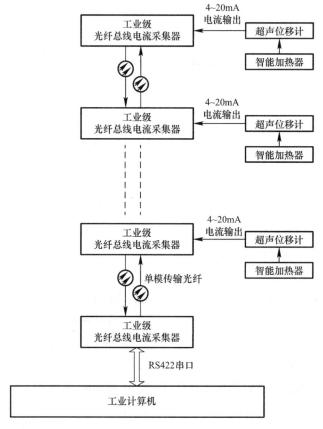

图 6-8 位移监测超声位移计智能加热及数据自动传输系统

6.3.3　基于相位式激光位移计的挠度自动测量技术

　　针对大跨结构挠度监测测试，采用相位激光测距传感方法，研究开发长距离测试结构变形问题。结构挠度监测测试是结构重要的安全控制参量之一。由于大跨结构跨中挠度测试没有支点支承，虽然近年来 GPS 系统在结构挠度监测测试中得到应用，但其测试精度较差，还不能满足实际工程的需要；传统的位移计几乎无法进行安装，而对于冬季最低温度可接近甚至超过－40℃的环境，极易出现结冰，因此，传统的伸缩杆式或拉线式位移传感器难以满足实时在线监测的需求。由于钢结构挠度属于垂直位移监测，绝对距离为几十米，相对变化通常为几十毫米，而且容易避开或隔离太阳光干扰，因此，激光位移计成为本项目首选的钢结构挠度监测手段。

　　激光具有高方向性、高单色性和高亮度性，在工业、医学、国防和科学试验中应用广泛。激光测距传感器是利用激光技术进行测量的传感器，它由激光器、激光检测器和测量电路组成。激光传感器是新型测量仪表，它的优点是能实现无接触远距离测量，速度快，精度高，量程大，抗光、电干扰能力强等。在距离、工业、测量、测绘等领域应用广泛。

　　1. 相位式激光测距原理

　　相位式激光测距仪是用特定的频率对激光束进行幅度调制并测定调制光往返测线一次所产生的相位延迟，再根据调制光的波长，换算此相位延迟所代表的距离，即用间接方法测定出光经往返测线所需的时间。相位式激光测距仪一般应用在精密测距中。由于其精度高，一般为毫米级，在远距离测量中或者黑色目标物测量中，为了有效地反射信号，需要配置反射镜，如图 6-9 所示。

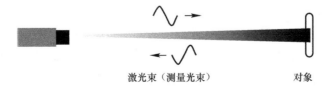

激光束（测量光束）　　　　　对象

图 6-9　相位式激光测距仪典型应用方法

　　相位式激光测距仪的测量原理如图 6-10 所示，其中 D 为测量点 A 和目标物 B 之间的距离，通过测量调制信号在待测距离 D 上往返传播形成的相位差 $\Delta\Phi$ 和调制信号的频率可以计算出往返时间 t，根据光速可以得出的距离和相位的关系为：

$$D = \frac{1}{2}c \cdot t \tag{6-2}$$

$$t = \left(N + \frac{\Delta\Phi}{2\pi}\right)\frac{1}{f} \tag{6-3}$$

　　式中，f 为调制信号频率；N 为光波信号往返过程中的整周期数；c 为光速。对频率为 f 调制信号，周期长度也就是尺长为：

$$L = \frac{c}{2f} \tag{6-4}$$

综合上述 3 个式子可以得到

$$D = \left(N + \frac{\Delta\Phi}{2\pi}\right)L \tag{6-5}$$

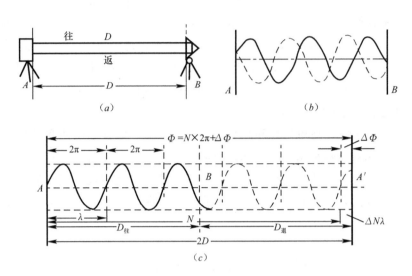

图 6-10　相位测距原理

当调制信号频率固定时，L 为常数，只需要确定 $\Delta\Phi$ 和 N 的数据就可以计算得出测量点和目标物的距离。考虑到环境温度变化导致的光速变化，在激光位移计内部集成有温度补偿单元，以此消除环境温度对距离测量精度的影响。

2. 研究开发工作内容

本项目中所采用的相位激光测距传感器的有效测量距离可达 100m，基本可以满足大跨结构挠度监测测试的要求，在 0.1m～30m 测量范围内，无需加装合作目标（如反光板）即可达到 0.1mm 位移分辨率和 1mm 重复精度，对于超过 30m 测量范围的情况，已通过加装目标反光板的方式解决。

为使相位激光传感器适应冬季低温的工作环境，通过实验研究，本课题组研发了在激光测距传感器内部加装了自动加热器，确保在冬季−50℃低温环境下，传感器仍能正常启动工作。为消除环境光线尤其是自然界太阳光的干扰，通过实验研究，本课题组研发了在激光位移计的光学窗口加装了长距挡光装置，可有效消除非直射环境干扰光的影响。以上研发成果的应用，保证了相位激光传感器在自然环境条件下的应用，其效果满足了工程实际监测测试的需要。

利用相位激光测距传感器，本课题研发了用于实际工程监测和测试需要的测试系统，具体为：采用工业级光纤串口数据收发器，将激光位移计输出的 RS232 电信号转换为光纤信号，不但实现了光电隔离防雷，而且可以实现激光位移计之间的串接组网及远距离传输，极大地提高了抗电磁干扰能力，使系统的可靠性显著提升。同时，可以通过计算机进行远程参数设定和测量，实现了结构挠度数据的自动化采集，如图6-11所示。

6.3.4 三维激光扫描技术在变形监测中的应用

三维激光扫描技术是一项新兴的测绘建模技术，以其每秒钟上百万次测量速度、毫米甚至亚毫米级精度、毫米级测点密度，逐步凸显出传统单点测量技术不可比拟的优势。该技术在安全监测、变形控制、海洋工程、设备设施管理、试验观测、城市管理、高精三维地图等领域发挥越来越大的作用。自从20世纪80年代中期出现以来，速度、精度、稳定性都在不断增强，近些年得到工程测量所需的精度和速度，正在工程变形监测领域显现其先进性、市场前瞻性、服务专业性、业务高端性、研发前景性的五大特性。表6-1为三维激光扫描技术与传统点单测量的比较。

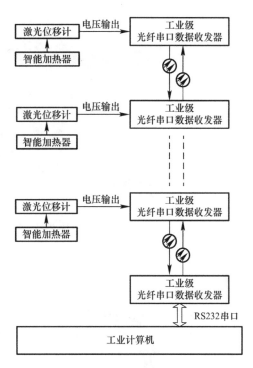

图6-11 结构挠度监测激光位移计智能加热及数据自动传输系统

三维激光扫描技术与传统测量比较 表6-1

特点	传统点单测量	三维激光扫描
测量方式	主动式测量	主动式测量
精度	毫米级至亚毫米级	毫米级至亚毫米级（型号和方式而定）
采样方式和速度	人工逐点采样	可选范围自动扫描测量采样速度几十万至百万测点
地面坐标	获取个别点三维坐标	直接获取地面三维坐标
图像	无图像	图像和激光半点，可识别实际物体
发展情况	软件、硬件发展已成熟	新技术不断发展，工程领域有巨大发展潜力
测量范围	测量范围有限	约0.3～300m（视型号达数千米测距）
影响因素	不受天气影响	理论上可全天候采集数据
自动化	自动化程度低，需人工处理分析	容易实现数据处理自动化、分析自动化
仪器嵌入	仪器之间配合少	POS设备/全景相机/红外热像仪等
可视化	少数可视化	三维直观显示、可追溯的重复测量

三维激光扫描技术的特性和性能显示其在工程领域测量和检测的巨大优势，然而，受到专业知识和行业差异之间的制约，使该项技术多年来一直在测量学、地球测绘学和信息学方面迅速发展。在工程领域，尤其是工程质量安全检测领域，存在市场的潜在需求巨大与软件服务软件和技术落后的矛盾局面。中冶建筑研究总院已开发专门应用在工程上的三维变形监测的专业软件，本软件实现方便的数据导入，自动化数据处理，与工程应用结果和规范紧密衔接，通用报告自动化输出，并可定制报告格式输出等一系列针对工程变形监测应用开发的功能，应用案例如图6-12、图6-13所示。

基坑变形监
测扫描现场

基坑体积计算

图 6-12　基坑变形监测及图集计算

核电站打压实验变形监测现场　　　　变形色谱图及任意位置剖面图

图 6-13　结构表面大面积变形监测及细节变形研究

6.4　结构安全与质量控制监测的工程应用

6.4.1　概况

在已有的实际工程应用中，可以分为安全性监测、施工质量监测和耐久性及环境监测，各类监测之间的区别主要根据对监测数据的利用而定，有的工程监测涉及多方面的内容。

（1）安全性监测

安全性监测针对结构安全问题，以大型复杂钢结构安装施工期间和桥梁结构施工期间的安全性监测最多，监测参数一般有应力、应变、变形、温度、索力、动力特性等，这些监测项目多为跨度较大结构或超限结构，由于施工中的荷载工况与设计验算采用的荷载组合不同，一些施工荷载作用是设计中无法考虑到的，如焊接残余应力、定位偏差、施工荷载短期超过设计荷载或荷载作用到结构上的顺序不同等问题，均会导致结构实际受力状态及大小与设计验算的较大偏差，若控制不当会使结构产生损伤甚至破坏情况的发生；结构安全性监测的另一个目的是依据监测数据对结构实际安全可靠度进行针对性评估，为验证结构设计验算的科学性，为后续类似工程的设计提供数据积累。

安全性监测的荷载工况一般以吊装安装过程、支顶卸载、设备安装、季节温度变化等为主。在我国，建造期间结构安全监测的工程项目很多，典型的项目包括：深圳会展中心大跨钢结构，上海卢浦大桥，润扬大桥，国家体育场混凝土与钢结构，五棵松体育馆钢结构，鄂尔多斯体育中心体育场、体育馆、游泳馆钢结构，伊金霍洛旗赛马场大跨钢结构，上海东海大桥等。

（2）施工质量控制监测

为保证施工质量，对于复杂和需要通过精细控制等手段才能使工程质量达到要求，需要进行施工质量控制监测。监测的参数一般有：温度、变形、应力等，目前实际工程的应用的类型主要有：①大体积、复杂形状混凝土浇筑与养护期间温度和应力监测；②桥梁结构施工过程中梁体标高、索力、应力、挠度变形等监控，根据监测数据控制后续定位、放样等施工，以保证施工质量；③大型复杂钢结构、膜结构在安装施工时，前期结构定位、偏差、变形等对后续构件的安装影响较大，若控制不当会使偏差积累，因此后续构件制作一般需要利用已形成结构的监测数据，调整构件制作放样等，近年来发展的三维激光扫描新技术逐步在施工质量控制监测中得到应用。

施工质量监测一般针对结构定位、变形、施工设施（胎架等），典型的工程有国家体育场、五棵松体育馆、核电站结构、大跨混凝土桥梁、斜拉桥、悬索桥等。

（3）环境及控制监测

目前，建筑节能和绿色建筑的发展正日新月异，有关环境、节能方面的监测也在逐步发展，监测的内容一般有温度、湿度、光照度等，通过监测数据可以对环境进行控制，如根据温度场监测控制空调工作，根据光照度的监测控制建筑内部不同区域的开关等。

6.4.2 光纤光栅传感技术在大跨钢结构监测中的应用

深圳市会展中心总用地面积约 22 万 m^2，主体东西长 540m，南北宽 280m，高 60m。会展中心主体结构采用钢结构，总用钢量约 3 万 t，展览厅长 540m，宽 126m，高约 30m，主体钢结构为跨度 126m 门式刚架（共 35 榀），分为立柱式和带下弦拉杆式两种。其中，带下弦拉杆式的门式刚架由上弦、下弦和竖杆组成，上弦为焊接箱形钢梁，截面尺寸 2.6m×1m，翼缘/腹板厚度 10mm～60mm；下弦为 3×ϕ140 钢棒；箱梁上端支承在 30m 高混凝土牛腿上，下端与地面支座铰接。

深圳市会展中心地上两侧区域采用带下弦拉杆的门式刚架结构，该结构形式、连接方式和大跨度在国内尚无先例。一些构件的制作安装误差对结构定位、变形和局部应力状态影响不明。结构安装初期发现地面铰轴与上下槽之间的配合偏差较大，多处结合面存在间隙，铰轴定位偏差会对刚架上部支座位置产生不利影响。为了掌握结构实际工作与安全状态，为结构施工和验收提供依据，对结构在施工和使用期间的安全性进行评价，需要对刚架挠度、侧向位移和应力等进行监测。

1. 监测内容及测点布置

（1）钢架梁变形和代表性截面及重要节点处的应力；

（2）钢拉杆内力和均匀性监控。

该项目对每根下弦拉杆进行张拉和使用期间监测，箱梁应力监测选取 11 个关键截面布置光纤光栅测点，如图 6-14 所示，其中，在截面 6 处布置一个温度补偿测点。

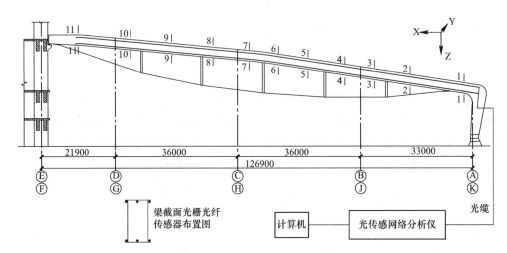

图 6-14　钢梁光纤光栅应变监测点布置图与网络连接图

2. 监测结果

图 6-15～图 6-18 为该项目监测结果。

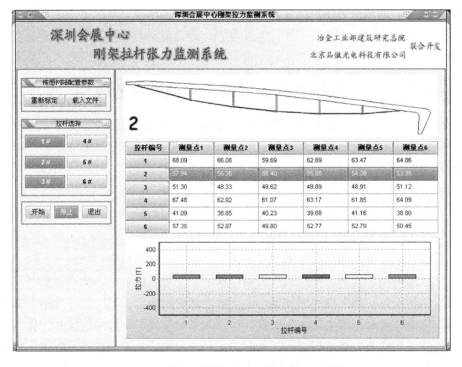

图 6-15　刚架下弦拉杆拉力及均匀性监测系统

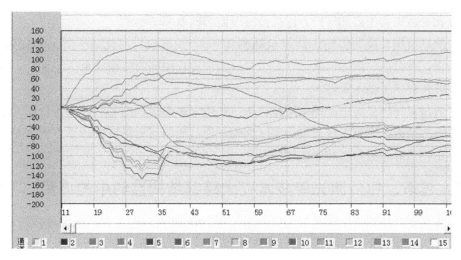

图 6-16　胎架拆卸过程中上弦箱梁应变变化

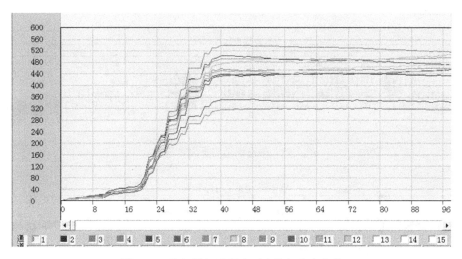

图 6-17　胎架拆卸过程中下弦拉杆应变变化

3. 监测结论

（1）光纤传感测试本身具有较高的精度，可以为工程结构监测技术提供数据采集和分析工作，光纤光栅传感信号具有很好的可编程性；在整个测试过程中，光纤光栅的测量数据因是应变的绝对量而在测试中表现出很好的稳定性，在一定程度上为实现长期监测提供了保障。

（2）采用一根光纤串接多个光纤光栅传感器进行分布式测量（最多为 12

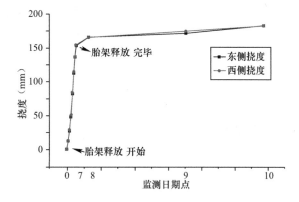

图 6-18　胎架拆卸期间刚架梁跨中挠度变化图

个），且应变传感器与温度传感器串联在一起，这样就考虑了温度对结构的影响（温度补偿），提高数据测量的精度。同时，减少光缆用量，简化安装施工及数据采集时的工序，

131

因此可以在今后工程中多加推广，以提高实时监测的效率。

（3）测试所用光缆的传输距离最长达到 300m，测试信号对比表明其信号损失极小，从理论上讲，在目前的现场情况下，完全可以实现更长距离的传输（至少 40km），这为远程检测、监控提供了基本条件。

（4）通过对深圳会展中心钢结构拉杆张拉和胎架拆卸过程的实时监测，说明光纤光栅传感技术可对结构关键施工过程进行实时监控，通过现场与电阻应变传感方式测量数据的对比，显示出光纤光栅传感技术的优势。

6.4.3 超声、相位激光等技术在大跨钢结构监测中的应用

鄂尔多斯赛马场雨篷平面呈长带状，总长 477m，共有八跨（包括一个悬挑跨），最大的跨度为 81m。雨篷平面、立面图见图 6-19 和图 6-20。雨篷主要由五榀桁架组成的空间焊接球网架结构，由南至北分别为 A 桁架、B 桁架、C 桁架、D 桁架和 E 桁架。桁架的主要杆件均为圆管。

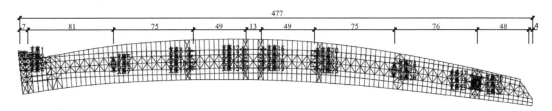

图 6-19 雨篷钢结构平面布置图

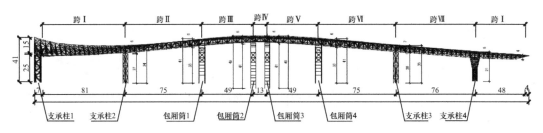

图 6-20 雨篷及支承钢结构立面图

1. 监测内容

（1）应力、应变监测。

应力监测界面选择支座及跨中截面，监测主要杆件的应变，监测截面编号及位置如图 6-21 所示。

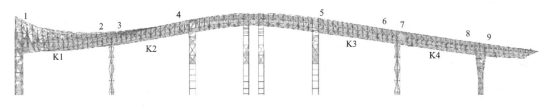

图 6-21 监测截面编号及位置图

（2）支座滑移和跨中挠度监测。

在滑动支座位置处布置支座滑移测点，支座滑移监测位置及测点编号见图 6-22（图中 K01、K23、K67 和 K89 即为滑移测点编号）。跨中挠度监测点布置见图 6-22（图中 K1、K2、K3 和 K4 即为跨中挠度测点编号）。

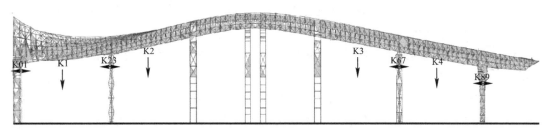

图 6-22　支座滑移和跨中挠度监测位置及测点编号

（3）温度和风速监测。

在各个应变监测截面位置均布置有温度传感器，监测雨篷杆件温度变化。在雨篷顶部安装风速监测仪，监测雨篷附近区域风速。

2. 监测系统集成、功能及软件显示

本监测系统将光纤光栅传感器测应变、温度监测、超声位移计测滑移监测、激光位移计测挠度监测、风速监测等测试物理量集成于一个系统内，系统集成关系见图 6-23 所示。

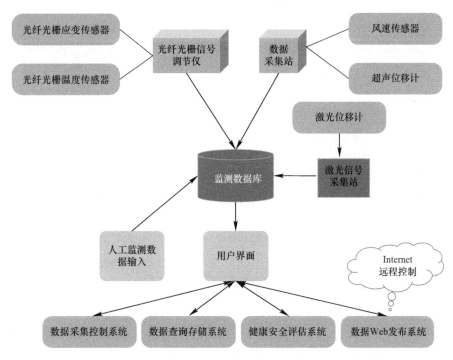

图 6-23　监测系统集成关系图

监测完全按照实时监测的方案实施，具有如下功能：

（1）实时性。系统每 1 秒进行一次数据采集显示，随时可将监测结果显示在监测主机屏幕上。

（2）数据存储。监测系统将所有监测的数据每隔 10 分钟存储一次，所有历史数据随时可调出查看。

（3）远程监控。本监测系统的数据不但能在现场控制室内查看，还可以通过网络随时随地（如北京、上海等）对监测数据进行查看；中冶建筑研究总院安排专人在北京对监测数据进行定期查看（每天一次）。

（4）报警功能。本系统可通过手机短信方式向有关人员进行在监测数据超标时的报警提示。

监测系统的传感器、仪器和监测软件均选用目前先进可靠的技术，应变采用光纤光栅传感器，位移采用相位式激光传感器，滑移采用超声位移计。这些仪器的测试精度高，稳定性好，本监测系统为国内领先的钢结构监测系统。

按照监测的内容，为本监测项目编制的软件界面如图 6-24～图 6-26 所示，其中图 6-24 为应力应变监测主界面，图 6-25 为应力应变监测典型截面显示界面，图 6-26 为滑移和挠度监测显示截面。

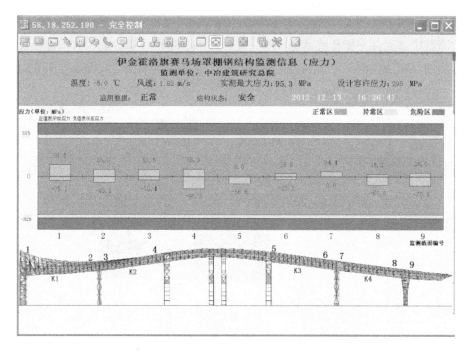

图 6-24　应力应变监测软件主界面

3. 监测结果

（1）应力监测结果。

部分杆件平均应力随时间变化的曲线如图 6-27 所示。

（2）滑移监测结果。

通过对监测数据的分析，得出罩棚滑移与温度之间的关系：K01、K23、K67、K89 断面支座滑移量与温度关系如图 6-28～图 6-31 所示。图 6-32 为回归公式计算值与实测值对比。

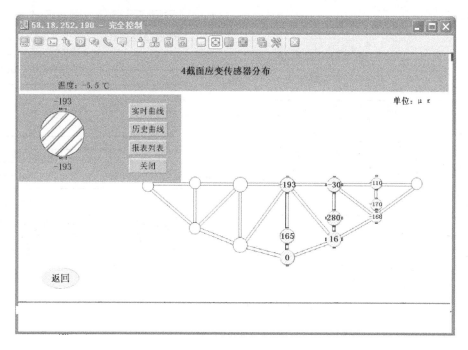

图 6-25 应力应变监测典型截面显示界面

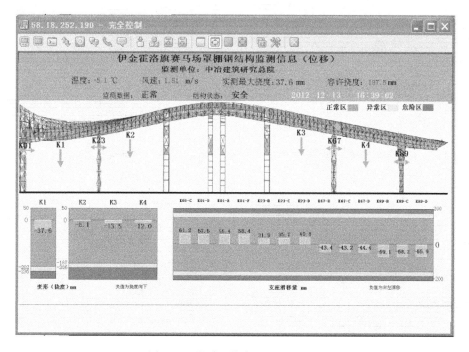

图 6-26 滑移和挠度监测显示界面

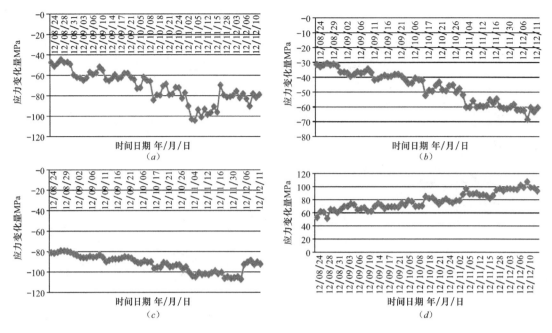

图 6-27　杆件平均应力随时间变化曲线

(*a*) 9D-下；(*b*) 5D-中；(*c*) 4D-上；(*d*) 1C-上

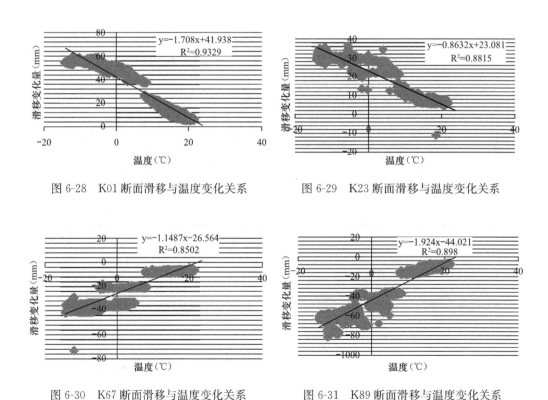

图 6-28　K01 断面滑移与温度变化关系　　　图 6-29　K23 断面滑移与温度变化关系

图 6-30　K67 断面滑移与温度变化关系　　　图 6-31　K89 断面滑移与温度变化关系

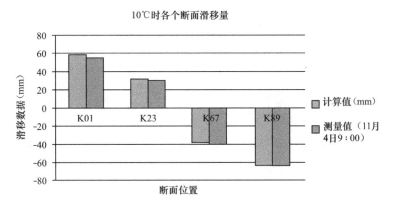

图 6-32　回归公式计算值与实测值对比

由于罩棚为弧形，各个支撑位置的滑移量也各不相同，以 K89 断面为例，在 K89 断面安装有三个支座滑移监测点，三个点的滑移亦不同步，见图 6-33。

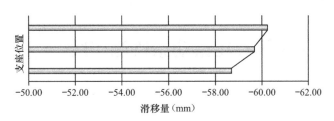

图 6-33　−10℃时巨型柱 K89 断面处 B、C、D 支座处的滑移

支座滑移主要由结构在温度变化时的热胀冷缩引起的，目前滑移规律正常（温度降低后两端均向中央一区靠拢），支座滑移量为：巨型柱 67.0mm（东向西），落地端 60.7mm（西向东），支座滑移正常，与计算结果（约 56.5mm）基本相符。

（3）挠度监测结果及分析。

挠度随温度变化如图 6-34～图 6-37 所示。

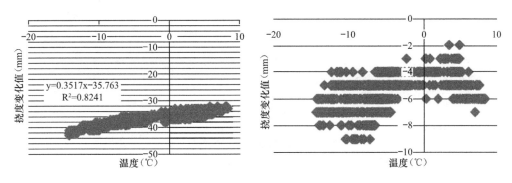

图 6-34　K34 挠度随温度变化　　　　图 6-35　K12 挠度随温度变化

K12 挠度在 31～47mm 之间，K78 挠度在 5～25mm 之间。随着温度的降低，下挠数值增大。而 K34 点的挠度变化在 2～9mm 之间，K56 点的挠度变化在 10～18mm 之间，均小于挠度容许值 187mm。

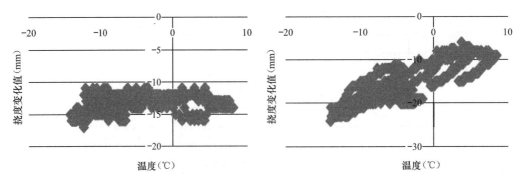

图 6-36 K56 挠度随温度变化   图 6-37 K78 挠度随温度变化

罩棚结构挠度变形主要由竖向荷载（自重、雪荷载等）引起，温度对其影响不大，到目前为止，在自重、温度和雪荷载等作用下四个测点的挠度值分别为：39.5mm、5.1mm、13.5mm 和 15.0mm，均小于结构正常使用的允许值（约 300mm），结构处于正常工作状态。

6.5 基于 BIM 的体育场馆动态监测实践

6.5.1 工程概况

徐州奥体中心体育场为超大规模复杂索承网格结构，平面外形接近类椭圆形，结构尺寸约为 263m×243m，中间有类椭圆形大开口，开口尺寸约为 200m×129m。体育场结构最大标高约为 45.2m，共 42 榀带拉索的悬挑钢架，最大悬挑长度约为 39.9m，下弦采用了 1 圈环索和 42 根径向拉索。其建筑效果图和结构轴测图如图 6-38 所示。

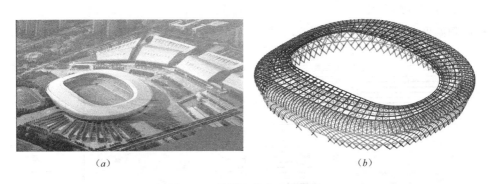

(a)   (b)

图 6-38 徐州奥体中心体育场

(a) 建筑效果图；(b) 结构轴测图

6.5.2 BIM 在施工安全控制中的应用

1. 测点布置

徐州奥体中心项目的变形监测点选择 20 榀径向梁的梁端和跨中位置处，共有 40 个监测点；应力监测点分布在环梁和径向梁上，共 24 个监测点，每个测点在梁的上下翼缘处各布置一个正弦应变计。其中变形起拱具体监测点布置如图 6-39 所示。

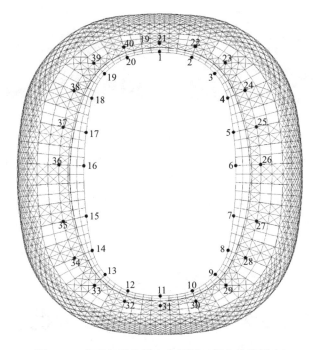

图 6-39　变形起拱监测点布置图（黑点为监测点）

2. 监测仪器

本工程应变监测采用 BGK-4000 型振弦应变计，结构施工过程选定测点的变形观测采用莱卡 TPS1000 高精度精密全站仪观测，结构振动监测采用朗斯 ULT2056 型、ULT2031型和 ULT2061 型测振加速度传感器配合朗斯 CBook2001E 高速便携数据采集系统进行，应力监测的振弦应变计采集采用澳大利亚 dataTaker DTMCU80G-40 型现场监测系统，如图 6-40 所示。

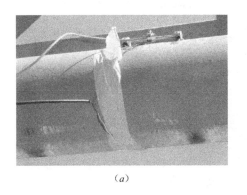

（a）　　　　　　　　　　　　　（b）

图 6-40　项目采用的监测仪器（一）

（a）BGK-4000 型振弦应变计；（b）莱卡 TPS1000 高精度精密全站仪

(c) (d)

图 6-40　项目采用的监测仪器（二）

(c) CBook2001E 高速便携数据采集系统；(d) dataTaker 自动采集设备

3. 监测实践

本项目采用北京市建筑工程研究院自行开发的基于 BIM 技术的结构安全监测软件系统，可实现数据采集、数据实时通信、实时显示及安全报警等功能，如图 6-41～图 6-45 所示。

图 6-41　徐州奥体中心三维可视化动态监测系统

图 6-42　应力时时检测界面

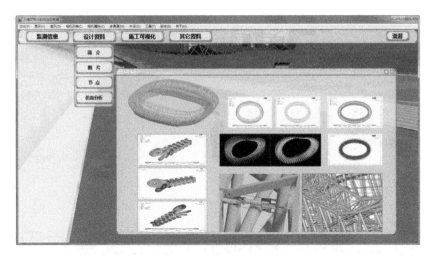

图 6-43　信息集成界面

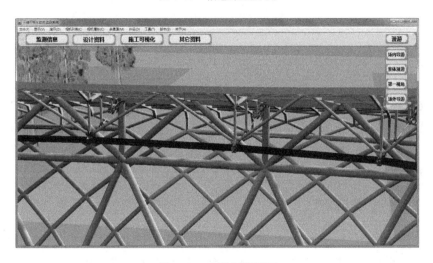

图 6-44　索体浏览界面

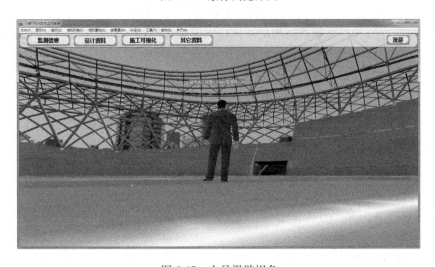

图 6-45　人员漫游视角

第7章

基于三维GIS技术的铁路建设管理应用

7.1 概述

随着我国高速铁路的飞速发展，铁路勘察设计手段、建设施工以及运营养护维修管理的内容、要求和质量发生了巨大变化，工程工艺要求高、管理信息量大、技术流程先进、复杂，要求我们采用先进的数字化、现代化手段管理高速铁路建设，并应用于整个铁路项目的全生命周期。

7.1.1 铁路发展现状

交通运输是国民经济的命脉，轨道交通是交通体系的骨干，高速铁路标志着铁路技术水平。自 2005 年开始，我国高速铁路从无到有，目前我国已投入运营的新建高速铁路已达到 8000 多营业公里，成为高速铁路里程最长的国家。但是，我国交通运输业无论是路网密度、运输能力还是技术装备，与世界先进水平相比均存在较大的差距。全面建设小康和谐社会，不仅需要加快我国交通运输的路网建设速度，还需要加强交通运输的技术创新力度，切实提高运输技术装备水平，加强仿真技术服务平台建设，提高铁路建设、管理水平，保障铁路运输安全。为此，《国家中长期科学和技术发展规划纲要（2006～2020 年）》把交通运输业确定为国民经济和社会发展的 11 个重点领域之一，把交通运输基础设施建设与养护技术及装备、高速轨道交通系统、高效运输技术与装备、智能交通管理系统、交通运输安全与应急保障等列为优先主题。《中长期铁路网规划》确定到 2020 年，建设客运专线 1.6 万公里以上。在国家高技术研究发展规划（863 计划）中，2006 年首次增列了"现代交通技术领域"。2007 年，国家发展改革委把高速轨道交通作为首次批准建设的国家工程实验室的四个领域之一。

在国外，近几年多个国家对高速铁路和客运专线的建设表现出了浓厚的兴趣。

美国：奥巴马政府决定投资 80 亿美元，用于在全美建设高铁走廊，以缓和交通拥堵和节约能源，目前 6 条高铁路线已获立项。远景规划是建立一个长度达 1.7 万英里的先进高铁网络，并分期执行。

欧洲：西班牙计划近年超过日本高速铁路网；英国拟耗资近 340 亿英镑在 2030 年前修建一条连接苏格兰和伦敦的高速铁路；法国希望将高速铁路总长度提高一倍，在 2020 年达到 2500 英里；波兰于 2014 年开始兴建国内第一条高速铁路，计划 2020 年完工；瑞典正在筹划 15 亿克朗的国家公路与铁路建设计划，并在进行一项 1500 亿克朗的高速铁路方案调研。

亚洲：印度计划在未来 5～8 年内，投资 27 万亿卢比建设铁路。越南南北高速铁路项目是越南政府业已批准的 2020 年越南铁路总体规划和 2030 年展望中最重要的项目；泰国批准投资 1000 亿铢修建 4 条高速铁路计划。

中东地区：卡塔尔及科威特两国计划分别投资 100 亿美元，兴建国内铁路网。阿联酋则计划投资近 200 亿美元，兴建包括轻轨、高速铁路及地铁在内的立体铁路运输网。沙特制定了总额 150 亿美元的铁路扩建计划，拟将其国内铁路总里程提升 5 倍。此外，沙特还计划将铁路延伸以连接国内所有城市，该计划将耗费约 140 亿美元。

我国当前仍有多条近 8000 公里高速铁路在建设中或者论证中，随着全面建成小康社会伟大事业的推进，轨道交通建设仍将在较长时间处于较高的规模。

7.1.2　建设管理需求

目前，铁路勘察设计、建设、运营管理手段以图纸或二维电子矢量图为主，数据查询效率低、表达不直观、信息综合能力低，具体体现为：

（1）在铁路勘察设计阶段。二维专业图纸和矢量图对于非专业人员，解读上存在较大困难，无法多尺度、全方位、有重点地展示勘察设计成果，需投入大量人力和物力进行实地勘察；设计成果的表达不直观，对审核者的空间分析能力要求高，设计过程中的差、错、漏、碰检查难度高，审核操作复杂。

（2）在铁路的建设管理阶段。已有的管理系统以二维平台为研发基础，通过数据链接的方式引入设计模型、施工进度模型或三维动画，无三维场景依托，尽管在数据与信息的表达方式上有所突破，但并未从根本上实现平台的跨越，数据展示、信息管理、决策分析存在诸多限制，管理水平与施工管理信息化水平有待提高。

（3）在铁路运营阶段。仅实现二维数据与设备台账的连接，无法为管理者提供精细、直观的决策环境，对运营过程中的突发事件表达不够准确；设备信息获取和展示方式有限，养护维修效率有待提高；多源数据无法得到有效的综合和智能分析，影响了应急救灾策略制定的效率和质量。更无法将建设和运营资料进行一体化的管理和查询，急需打造一个支持多源异构的海量数据管理与决策支持平台，提高铁路综合信息管理能力和决策水平。

7.1.3　三维 GIS 技术

自 20 世纪 80 年代以来，空间信息三维可视化技术一直是业界研究的热点，尤其是近几年，相关技术的研究呈现出前所未有的壮丽景象，国内外科研机构和企业纷纷认准了三维空间技术的良好发展势头，进行了跨学科、跨领域合作和三维技术攻关，研发了一批各具特色的优秀产品。美国率先推出了备受认可的 Google Earth、Skyline、Virtual Earth、ArcGIS Explorer 等软件。Skyline 是起源于以色列的一家美国私营高科技公司，其推出的 TerraSuite 系列产品已广泛应用于水利、电力、石油、城市规划等行业，它是目前应用最广、整体性能最优异的商业化大场景三维可视化基础平台软件，并且提供了丰富的二次开发接口，支持绝大部分主流矢量数据格式。国内也先后推出了价格相对低廉的类似产品如 LTEarth、GeoGlode、EV-Globe 等，但是在海量数据处理能力、三维建模、三维分析、跨平台通信、二次开发支持等方面与国外软件相比还是有一定差距。

7.1.4　铁路应用三维 GIS 技术情况

近年来，随着科学技术水平的发展，计算机技术、卫星定位、惯性导航技术以及关键元器件制造工艺得到极大提高，通过先进的航空测量设备快速获取高精度的地形地貌数据、高分辨率的航空数码影像已成为现实。我国铁道第三勘察设计院集团有限公司（以下简称"铁三院"）秉承着科学技术是企业发展的源动力这一理念，先后引进了机载激光雷达 ALS60 和 DMC230 数码航摄仪，结合实际项目开展试验研究，制定出相关的作业流程、技术规范以及精度评定标准。

将三维 GIS 技术应用于铁路行业，进行铁路勘察设计、建设管理、运营维护和养护维修，建立数字化、三维可视化的管理与分析系统，在国内外尚无先例。铁三院首次提出以 Skyline 作为三维基础地理信息平台，将勘察设计资料、施工管理系统、运营维护系统进行整合，实现铁路设施的全生命周期管理，并进行了基础平台搭建、系统整合等前期研究。铁路设计资料三维建模目前国内外都没有形成标准，铁路系统内也只有铁三院进行了较为全面的研究，掌握了各种铁路设施的建模方法和模型在球体上的空间定位方法。在项目施工管理方面，专门应用于铁路行业的项目建设管理系统的比较少，基本上都是用的国外建筑领域的项目管理软件，如 Primavera Project Planner（P3、P3e）、Microsoft Project、Welcom Open Plan 等，这些软件都是基于二维报表的形式，无法用动态 3D 模型来形象直观地模拟施工进程。因此，随着我国高速铁路的迅速发展和"走出去"战略，为了实现铁路勘察设计手段的更新，节约野外勘察踏勘的时间与成本；为了实现施工指挥管理现代化、信息化，达到科学、高效的管理水平；同时也为了后期铁路运营管理，应急服务的客观需要，开发研制出直观形象、实用性强的铁路三维可视化建设管理信息系统是非常必要的，具有迫切的现实意义。

7.2　铁路建设管理平台建设方案

7.2.1　目标规划

采用机载激光雷达（LIDAR）和航空数码相机等新型传感器，获取精度高、细节丰富的地表信息，构建大范围高精度的三维可视化地形景观模型。LIDAR 能快速获取观测区域的高精度、高密度三维点云数据，并由此获得高精度数字表面模型（DSM）以及一系列衍生产品；数码相机能获取高分辨率纹理影像，进而与点云数据结合制作高精度正射影像（DOM），由此构建覆盖整个工程范围的高精度三维可视化地形景观模型。

基于三维可视化地形景观模型进行高速铁路勘察设计、建设施工、运营维护与养护维修，形成贯穿高速铁路设计、建设、运营全寿命周期的"数字铁路"，显著提高我国高速铁路的信息化水平。在勘察设计阶段，在三维可视化地形景观模型上进行虚拟踏勘和选线设计，直观检查方案合理性；并根据施工图设计资料进行参数化三维建模，预演工后效果，检查工程设计的系统性及专业设计的差错漏碰，提高铁路勘察设计质量。施工建设阶段，与施工管理流程结合，研发工程建设三维可视化管理系统，有效指挥各种施工材料、人员、设备设施的调配，降低施工管理风险；连接各种安全监控和视频等，建立各种应急指挥和应用分析模型，保障铁路建设安全。运营维护与养护维修阶段，将基础地理信息、设计信息、施工信息、工务与运营管理系统集成到一起，实现三维可视化的工务管理系统和运营管理系统，系统提升工务管理与运营管理的效率、质量与水平；可实时监控复杂特殊地段和行车安全，快速提供灾害可能发生地区的现场三维场景和实际情况，从而制定出科学、合理的应急预案，保障运营安全，为高速铁路防灾减灾提供科学依据。

7.2.2　方案构架

为了便于研究和管理，我们将平台建设划分为基础管理平台和综合仿真服务平台两部分。基础管理平台的建设主要包括数据获取、数据处理、数据管理与集成三部分；综合仿真服务主要包括规划与设计、建设管理、运营管理三部分。每个部分的功能可相对独立开展建设工作，平台框架如图 7-1 所示。

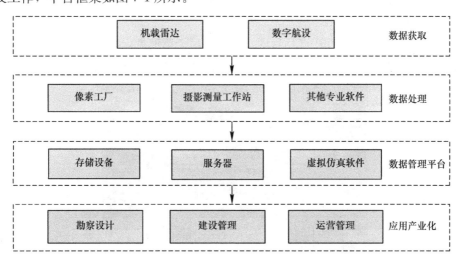

图 7-1　平台框架

平台底层研究包括多源异构数据组织、海量数据组织与三维渲染、安全管理策略等基础功能的研制,应用研究主要是与勘察设计、建设管理、运营管理相关的功能模块研究。

7.2.3　解决策略

以平台建设、高速铁路工程全生命周期管理为主线进行基础平台建设、应用平台建设。

以成熟的三维地理信息软件为基础平台,根据其数据源的要求,进行航拍数据获取、基础地理数据处理,采用 WGS84 坐标系作为工程展示与管理的统一基准,建立以铁路线路中心线为中心的带状高分辨率三维地理场景。借助于成熟的空间矢量数据管理方案,集成 Orcale 数据库、ArcGIS 软件、WFS 与 WMS 服务等数据管理与发布工具,实现对各种矢量数据的集成、发布、浏览、查询。

在铁路勘察设计阶段,根据设计成果制作出铁路工点的三维实体模型,实现多专业的数据共享与协同作业,避免差错漏碰,提高设计质量和效率,以铁路工点实体模型为基础,实现勘察设计、施工建造管理、工务管理信息的集成。

根据勘察设计、施工建造管理、运营维护管理三个环节各自的业务特点,开展系统模块设计。根据业务需求,进行基于三维可视化模型的专业功能拓展和既有应用系统的改造、链接,最终将业务模块与三维可视化信息平台集成。

7.3　主要功能

7.3.1　基本功能

1. 数据组织

采用多源异构数据管理方式,实现了与二维 GIS、大型关系数据库以及 Excel 表格等数据共享,可管理国际通用的影像或矢量标准格式文件,如:tif、img、shape 等。

(1) 基础地形数据的组织。

基础影像建议采用索引方式进行管理,为了提高浏览速度,设计模型成果最终可转换为 3DML。基础地理信息将从原来的二维符号转换为三维符号化的展示,如图 7-2 所示。

图 7-2　三维符号表达

　　影像数据按分辨率、传感器、项目等不同进行归类管理，建立索引文件，避免对繁杂的影像文件进行直接操作，便于不同项目间的资料共享。当需要建立新的三维地理场景时，将需要的影像包索引文件组合即可。

　　模型文件的调度是难点之一，采用 3D Mesh 图层代替模型文件，采用渐进式数据下载与显示方式，使得系统支持对海量模型数据的流畅渲染显示，避免浏览过程中等待模型刷新。

　　（2）导入导出。

　　支持 Excel 表格、shape 图层、DXF、kml 等标准交换格式文件的导入，也支持从空间数据库或通过矢量数据服务的方式导入空间数据，形成点、线、面等空间矢量图形。

　　2. 浏览

　　可进行地上、地下多角度的三维浏览，直观表现现场实际情况。

　　（1）基本鼠标操作。

　　通过鼠标的拖拽、滚动等基本操作，可实现对三维场景的自由控制。

　　（2）地下模式。

　　在地下模式下查看地下建筑物及地质资料，如图 7-3 所示。

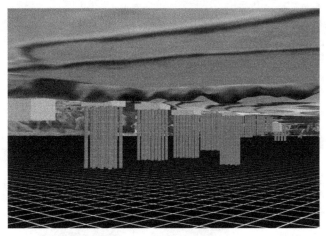

图 7-3　地下模式

　　（3）隧道模式。

　　隧道模式可实现隧道内外同步浏览，如图 7-4 所示。

图 7-4　隧道内外同步浏览

3. 多种查询手段

线路中地理位置查询可使用多种手段，如线路导航条（图 7-5）、关键字模糊查询（图 7-6）、里程查询（图 7-7）。

图 7-5　线路导航条

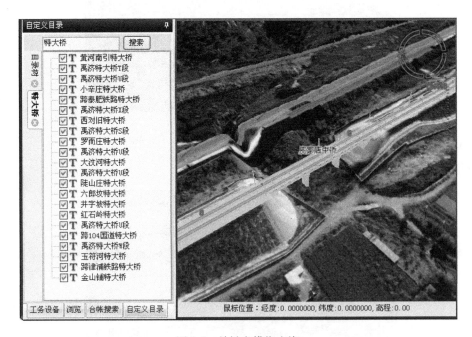

图 7-6　关键字模糊查询

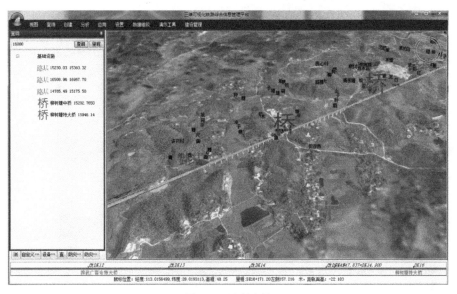

图 7-7 里程查询

4. 量测

可进行水平距离、垂直距离、斜距、面积、表面积等量测，如图 7-8 所示。

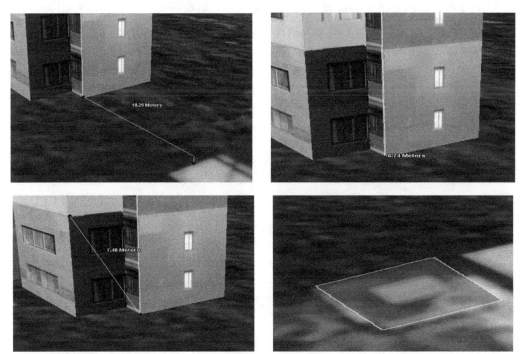

图 7-8 量测

7.3.2 勘察设计

1. 虚拟踏勘、工程控制网布点

虚拟踏勘、工程控制网布点见图 7-9。

图 7-9　布点

2. 自动坐标转换

系统可同时显示多种坐标系，默认为 WGS84 坐标系，选择坐标系统后，系统会自动加载 SHP 文件，以确定施工坐标系的基准面的范围。将鼠标移动到铁路线路附近，鼠标所在位置的经纬度坐标就自动转换为施工坐标系下的投影坐标，并在状态栏上显示出来，如图 7-10 所示。

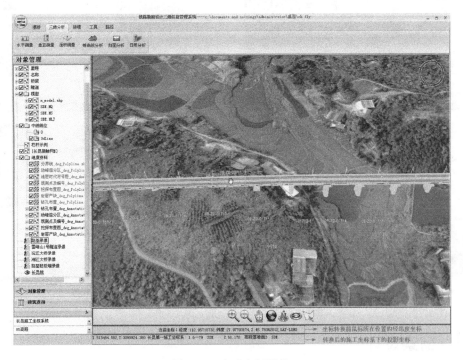

图 7-10　自动坐标转换

3. 资料链接

同时连接多种信息，如：工点信息、设计参数信息等，可实现工点设备的快速定位与查询。

（1）资料链接：包括文档、表格、数据库等，见图 7-11。

图 7-11　资料链接

（2）可关联并管理现场调查实景照片、全景图片，见图 7-12。

图 7-12　全景接入

（3）综合管线资料。

管线资料可以直观显示管网布置情况，如图 7-13 所示的地下管网展示。

图 7-13　地下管网展示

（4）可管理多种地质资料。

各种地质资料如图 7-14～图 7-16 所示。

图 7-14　地质判识资料

图 7-15　采石场

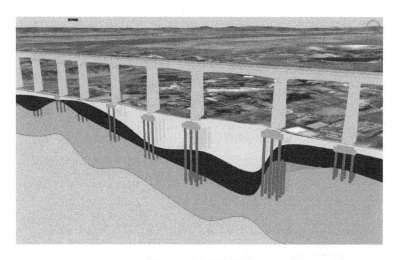

图 7-16　地质纵断面

4. 参数化建模

实现了路桥隧的设计参数化建模，路桥隧参数化建模方法取得发明专利两项。

（1）根据设计图纸解析，自动生成参数文件，如图 7-17 所示。

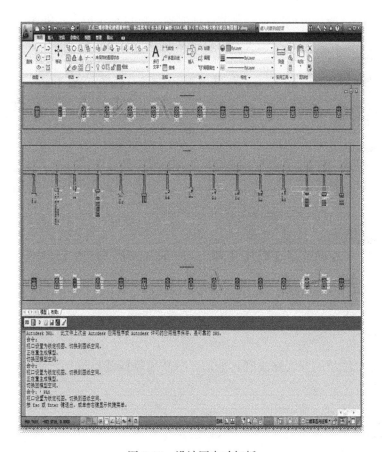

图 7-17　设计图自动解析

（2）参数建模（见图 7-18）。

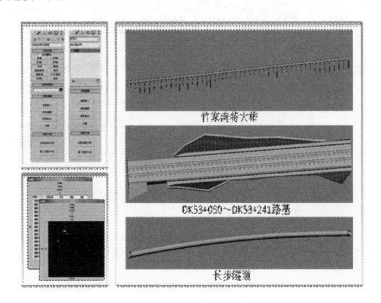

图 7-18　参数化建模

（3）设计成果预演：可展示多专业的设计成果，进行系统检查，如图 7-19 所示。

图 7-19　设计成果预演

5. 方案比选

在多视窗模式下开展不同规划方案的同步对比，如图 7-20 所示。

6. 地形编辑

可以通过添加图层的方式修改既有地形，抬高或降低既有地形，而不改变底层数据，如图 7-21 所示。

7. 基站选址

将初步基站结果导入到三维场景中（以线路里程或坐标的方式），对基站布设的结果进行检查和调整，最终将选址结果导出为图层或表格，如图 7-22 所示。

图 7-20　多方案比选

图 7-21　地形编辑

图 7-22　基站选址

8. 即时通信

可实现远程控制和数据传输，便于开展基于三维设计成果场景的协同讨论。

9. 模型查询、分析

可以在海量三维场景中开展等高线分析、断面分析、土石方量计算、水淹分析等。

（1）等高线。

生成等高线图并在三维地形上显示，便于判断高程差异，如图 7-23 所示。

图 7-23　等高线

（2）断面：包括纵断面和横断面，如图 7-24 所示。

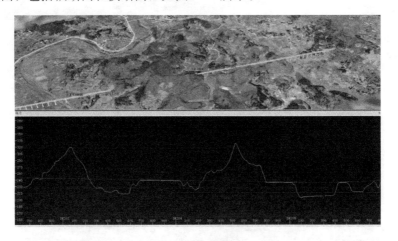

图 7-24　断面

（3）水淹分析：水淹分析如图 7-25 所示。

（4）缓冲区分析如图 7-26 所示。

7.3.3　建设管理

1. 大临设施布置与施工便道规划模拟

合理选择大临工程和施工便道，便于施工建设的开展，如图 7-27 所示。

图 7-25　水淹分析

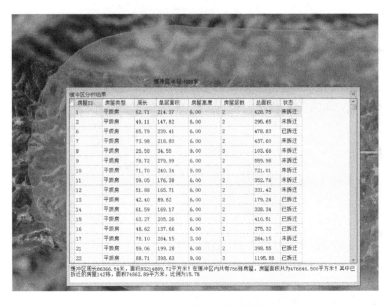

图 7-26　房屋拆迁量统计分析

图 7-27　大临设施及施工便道

2. 三维动态模拟施工进度

任意时间点进度查询如图 7-28 所示，当前进度对比如图 7-29 所示。

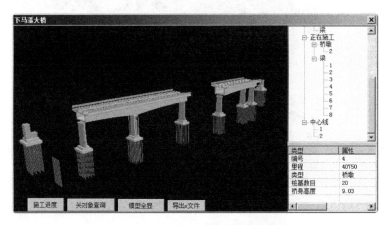

图 7-28　任意时间节点工程进度查询

图 7-29　当前进度模拟对比

3. 施工现场视频监控

施工现场视频监控及变化检测如图 7-30 所示。

图 7-30　视频监控及变化检测

4. 防灾安全监控

为了进行防灾安全监控，可以进行气象数据图形化查询（图 7-31）及滑坡监控点查询（图 7-32）。

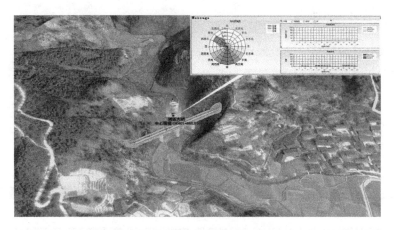

图 7-31　气象数据图形化查询

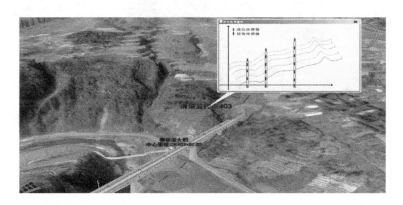

图 7-32　异物侵线与滑坡监控点查询

7.3.4　运营及养护维修管理

1. 施工图、竣工资料管理

可实现对施工图、竣工资料的管理，如图 7-33 所示。

2. 工务管理

工务管理数据库集成，实现基础设施一体化查询，如图 7-34 所示。

3. 应急指挥

通过与 GPS 定位信息集成，实现人员、车辆定位与导航，从而达到应急指挥的目的，如图 7-35 所示。

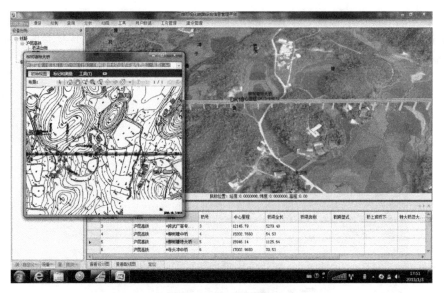

图 7-33　施工图管理

图 7-34　与 LKJ 工务管理数据库集成，实现基础设施一体化查询

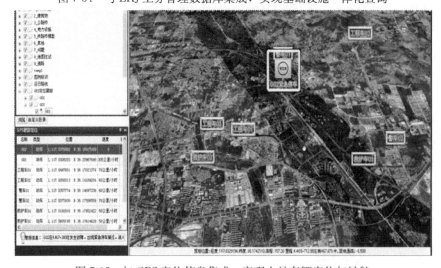

图 7-35　与 GPS 定位信息集成，实现人员车辆定位与导航

7.4　工程应用实例

目前，该系统已在 30 多项勘察设计项目中应用。国外项目如泰国、缅甸、柬埔寨、坦赞铁路等，国铁项目如长昆、京沈等，城市轨道交通项目如新塘至白云机场、深圳磁悬浮 8 号线等。此外还应用于多个综合交通枢纽和大型客站的设计，如北京枢纽、哈尔滨枢纽等。

与沪昆客专、大西客专和京沈客专等公司开展了建设管理应用合作，目前沪昆客专项目成果已经移交广铁集团运营部门，并将沪昆客专三维可视化系统部署于调度台，用于应急指挥和辅助决策。京沈客专项目已经部署于各施工单位和监理单位，正在运行中。

与济南铁路局工务处合作，开展了京沪高速铁路工务管理技术的研究，目前，项目取得了初步研究成果，在京沪济南段选取了 100km 的试验段，进行了测试。

7.5　展望

创建我国高速铁路建设及运营管理的综合仿真平台，充分利用海量信息、物联网等技术，服务高速铁路，提高我国高速铁路信息化水平，将变革高速铁路建设及运营管理的传统模式、手段和流程，能有效提升高速铁路建设及运营管理的质量、效率，并提高安全风险控制技术水平。

为我国在建 8000km 高速铁路的建设管理提供三维仿真服务，为已建成的 8000km 以及 2020 年前将建成的 8000km 共计 16000km 建成高速铁路的运营管理提供仿真服务。同时，为我国 10 万 km 普通铁路的部分线路的运营管理提供仿真服务，市场潜力巨大。

第8章

基于BIM的机电设备运维管理实践

8.1 基于 BIM 的航站楼运维信息管理系统

8.1.1 系统概述

基于 BIM 的昆明新机场航站楼运维信息管理系统是以 BIM 技术为核心设计思想进行设计和开发的 B/S 架构综合信息平台。本系统集成机电设备安装过程中的各类信息，结合 GIS 可视化表现技术，创建机电设备系统的多维信息，包括机电设备的空间位置、几何模型、规格型号、技术指标、设备供应商、安装进度、质量以及运行状态信息等。

通过有效组织航站楼设计、施工过程中的各类资料，结合航站楼机电设备运营管理的特点，开发了基于 BIM 的航站楼运维信息管理系统。系统共包含：物业信息管理、机电信息管理、流程信息管理、库存信息管理、报修与维护、系统管理六大子系统模块，如图 8-1 所示。

图 8-1　昆明新机场航站楼运维管理系统主界面

1．系统特点

（1）通过建立运维信息管理系统，有效地提升机电设备的管理水平，降低管理成本，保障机电设备系统安全运行。

（2）通过开发机电设备安装、运行管理与技术支撑平台，实现建设和运营信息共享和有机衔接。

（3）建立了基于 BIM 的机场设备全信息数据库。

（4）研究实现了机场设备安装、运行场地的 GIS 信息创建及可视化表现。

（5）研究实现了按照区域或功能进行机电设备信息的分类和存储方法。

（6）创建了机电设备系统的多维信息，包括机电设备的空间位置、几何模型、规格型号、技术指标、设备供应商、安装进度、质量以及运行状态等信息。

（7）研究管理和维护设备安装及运行数据，建立了各设备之间的关联关系。

（8）研发了基于 B/S 结构的机电设备全信息数据库及其管理系统，通过地理位置等信息快捷、方便地检索信息。

2．系统结构

针对昆明新机场机电设备运行管理的实际需求，将 BIM 和 GIS 技术应用于机场机电设备运行管理中，通过系统的技术开发，实现机场航站楼机电设备运营管理智能化，实现机电设备运行的全过程信息支持、多维信息管理以及动态的实时信息查询，为机电设备运行及管理提供科学的信息化管理手段。通过使用该系统，可以极大提高工作效率和管理水平，达到节省资源，降低成本的目的，具有很大的社会、经济效益。昆明新机场航站楼机电设备信息管理系统总体结构如图 8-2 所示。

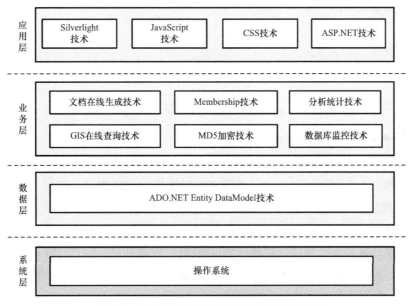

图 8-2　昆明新机场航站楼运维管理系统架构

（1）Silverlight

使用基于 XML 的 XAML 语言，用于表现层的图形化展示。

（2）ADO. NET EntityDataModel

是功能更加强大的关系数据映射组件，将数据结构抽象化为更易于开展业务的方式。使用内建的缓存机制，提高数据访问速度。

（3）ASP. NET

微软的 Web 开发框架，通过允许编译的代码，提供了更强的性能。

（4）JavaScript

因特网上最流行的脚本语言，并且可在所有主要的浏览器中运行，提供丰富的用户体验。

（5）CSS

允许同时控制多重页面的样式和布局，CSS 可以称得上 WEB 设计领域的一个突破。

3. 系统运行环境

（1）系统硬件配置要求

服务器平台推荐硬件配置。

CPU：4 核，$\geqslant$3.0GHz，2 颗。

内存：FB-DIMM$\geqslant$4GB 支持四位纠错、内存镜像、在线备份。

硬盘：SAS146GB×2，$\geqslant$10000 转。

安装 Windows Server 2008 系统。

（2）系统软件配置要求

1）服务器平台软件配置要求。

数据库：SQL Server 2008。

操作系统：Windows Server 2008。

2）客户端软件环境要求

操作系统：Windows XP sp3＋。

其他软件：Windows Internet Explorer7. 0 及以上，Microsoft SilverLight4. 0 及以上。

8.1.2 航站楼运维信息管理系统的研制

1. BIM 和 GIS 数据集成技术架构

在运维阶段，建筑设备的运营维护需要大量信息的支持，而传统的建筑信息主要基于纸质文档和图档进行存储，因此需要从海量纸质的图纸和文档中寻找所需的信息，效率低下，已经难以满足航站楼、火车站等大型公共建筑的管理需求。应用 BIM 可实现结构化的建筑信息存储，方便用户快速地获取所需信息，辅助运维管理者制订运维计划。基于 BIM 和 3D 技术，可为运维管理者提供三维可视化的虚拟环境；不过 3D 平台难以直观展现大型复杂机电设备（Machine Electric Plumbing，MEP）系统的逻辑结构和整体布局，且大量的 3D 模型将导致系统运行效率低下，不利于实现宏观的 MEP 运维管理。因此通过引入 GIS 技术，提出基于 BIM 和 GIS 的机电信息管理技术，实现宏观的 MEP 运维和信息管理，支持基于 GIS 的 MEP 逻辑结构展现和巡检路径规划等功能。但对于机房、管廊和走廊顶部等管道集中局部，GIS 平台提供的 2D 平面难以满足实际需求，仍需 3D 运维管理系统支持。

应用 BIM 服务器和分阶段递进式建模方法，实现设计和施工阶段建立的信息向运维阶段的无损传递，支持基于 GIS 的 MEP 系统逻辑结构查询、MEP 运行设备状态分析以及巡检路径规划等功能。但由于 GIS 和 BIM 数据在结构上存在较大差异，且转化技术不成熟，因此为高效地共享施工阶段建立的机电设备 BIM 模型，需研究 BIM 数据转化为 GIS 数据的方法。GIS 数据主要包括地图和属性两类数据，其中地图数据是特定格式的，属性数据则是开放的（如采用关系数据库存储），地图和属性数据之间通过唯一标识进行关联。因此 GIS 平台的地图数据需要从 BIM 中转化获得，而属性数据可直接从 BIM 服务器中提取。图 8-3 所示为从已建立的机电设备 BIM 模型中提取建筑平面图作为 GIS 所需的基础地图信息，为 MEP 系统空间布局展示提供参考；提取房间和机电系统设备的 2D 几何模型导入 GIS 形成房间和机电系统的 GIS 模型。考虑到运维管理中，建筑平面图、房间以及机电设备几何模型基本不变，因此图形信息只需实现从 BIM 向 GIS 平台单向转化。

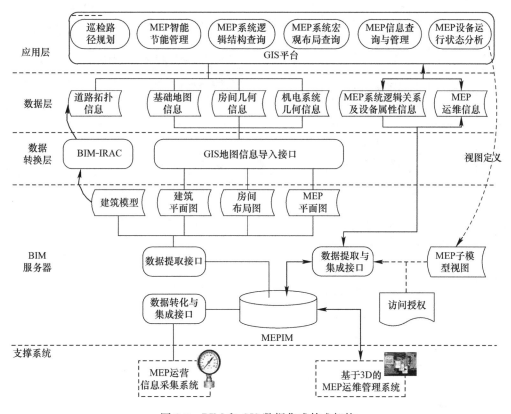

图 8-3　BIM 和 GIS 数据集成技术架构

2. 航站楼物业信息管理研究

物业信息管理主要是对航站楼中的房间、柜台、合同、钥匙等信息进行的管理。通过调研和初步的系统应用发现，物业信息管理面临的问题包括以下几个方面：

（1）机场正式开始运营前：需要对机场中的房间、柜台等进行分配。通常都是由人工进行房间的分配、数据的核对。由于房间数量多，导致产生大量数据表，每次修改和核对都需要调整很多张的数据表，这就需要很多工作人员来进行这项工作的核对和数据的调整、校核，工作效率很大程度受到了影响。

（2）在机场正式开始运营后：房间和商铺等的调整，包括房间格局的更改等数据，都需要工作人员来对多张数据表进行维护。工作人员的更换，也可能导致数据的遗漏或者记录错误等，就可能导致物业的信息不正确，影响后续的工作。

3. 航站楼机电信息管理研究

机电信息管理主要是指对机电安装的信息管理，如图 8-4 所示。机电安装工程量大，而且涉及的专业很多，管线布置比较繁琐。在运营期间，当机电管线出现问题时，维修工人由于对管道布线不清楚，不能及时作出正确的判断，导致很多小的问题都需要花费很多时间去寻找施工期间的施工图纸、设计说明等资料，不能及时解决，这样就可能会对机场的正常运营造成一定的影响。

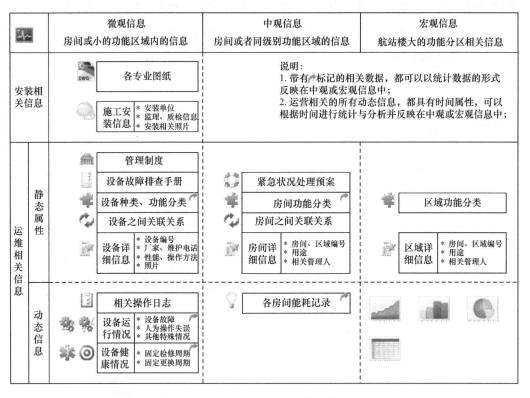

图 8-4　机电安装与运维管理信息

4. 航站楼流程信息管理研究

流程信息管理主要是指对航站楼内的路径信息的管理，以及如何帮助旅客和员工能在航展楼内更快、更方便查地找到到达目的地的信息管理。

通过调研和初步的系统应用发现，流程信息管理会包括以下几个方面的情况：

（1）旅客登机时：一位旅客在值机岛办完值机后，会面临应该如何到达登机口，以及值机岛与登机口的距离信息、人的正常步伐可能需要的时间信息、自己的登机时间是否充足等问题。

（2）员工审查特定流程：针对一些特定的流程（如国内出发、国际出发、国内到达、中转），机场要确定每一种流程所走的路径是否合理。通常情况需要机场员工到现场将每一种流程都走一遍，这样不仅需要大量的时间，还有可能会有漏洞。

5. 航站楼库存信息管理研究

库存信息管理主要是对机场航站楼内所有的仓库及仓库内存储货物进行管理。通过调研和初步的系统应用发现，机场内的仓库数量比较多，而且仓库内储存物品种类和数量繁多。当急需一个物品时，需要知道哪些仓库存放着这些物品，剩余数量是否满足使用需求，是否需要从其他仓库进行调拨等问题。

6. 航站楼报修与维护信息管理研究

报修与维护信息管理主要是指对机场航站楼内相关的报修、投诉、维护等信息的管理。

通过调研和初步地系统应用发现，报修与维护信息管理会包括以下几个方面的情况：

（1）报修与处理：在日常巡检发现问题、接到相关部门人员反馈（口头或电话）时，需要记录报修信息；每日执勤的维修负责人，需要对报修的信息进行详情查看，对有疑问的地方通过联系报修人进行核实，核实后指定人员进行维修；维修人员接到维修命令后，带维修单到故障地点，进行相应的维修工作，维修完成（故障排除或故障无法排除，需要更换设备等，但完成了维修的工作），填写相关的记录，待完成后的维修信息反馈给相关负责人。

（2）投诉与处理：旅客在机场时对机场的各种硬件设施、服务态度、业务流程等会提出一些使用建议或者不满意的地方（比如，旅客在候机时，发现候机室的饮水机中没有水等）；航站楼中负责意见投诉的工作人员需要对投诉信息进行核实、确认，同时可能需要专人进行跟踪处理或直接进行电话确认完成。

8.1.3　航站楼运维信息管理系统应用实践

1. 基于 BIM 生成 GIS 所需的地图和路径信息

应用 BIM 和 GIS 技术可直接重用施工阶段建立的 BIM 模型，获得航站楼机电运维管理所需的房间布局、机电系统布局及逻辑关系、机电性能参数等信息，生成 GIS 所需的 2D 图形信息，支持机电系统逻辑结构查询等功能如 8-5 所示。并应用 BIM-GIRM 方法建立室内路径，支持巡检路径规划等应用。然后用户根据运维需求，定义资产及其关联 MEP 构件，并自动导入或输入资产性能需求等参数，支持以资产为基本对象的运维管理。

2. 航站楼物业信息管理应用

在系统中，可以很方便地对房间、柜台、商铺等的分配和物业数据进行维护，而且可以根据用户的不同需求进行各种数据的统计和分析，并且支持导出相关信息为 Excel 表，方便用户进行各种文档存档等工作。

在系统中，用地图显示整个机场的情况，使用用户能够直观地了解机场的整体布局是否合理，房间的使用和分配是否满足旅客的需求，通过各种数据的统计和分析以及结合地图的展示，可以为机场的整体运营提供更好的支持。具体如图 8-6 所示。

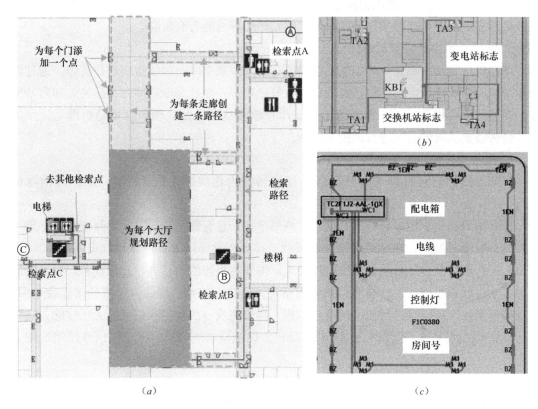

（a）

（b）

（c）

图 8-5　自动生成的机电运维 GIS 信息和 2D 表现

（a）室内 GIS 地图以及路径；（b）电子干线逻辑结构；（c）照明系统逻辑结构

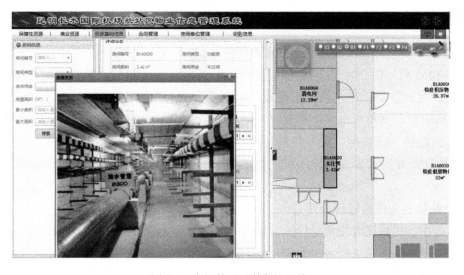

图 8-6　房间管理及其信息查询

3. 航站楼机电信息管理应用

机电信息管理系统可以把各个专业的管道布线信息以非常直观的在地图中显示出来，而且对各专业的上、下级逻辑关系都能清楚地展现出来，这样就能让维修工人快速、方便地查看到整个机电的逻辑关系和管道布线，及时作出正确的判断，给机场的正常运营提供辅助工具。

在运营过程中，可能会出现某个配电间出现故障，需要在这个配电间的上级进行断电，这时就必须知道这个配电间的上级是谁，并且需要知道断电会对哪些区域或者设备有影响，会不会影响机场的正常运营，甚至在维修过程中有可能需要知道从配电间上级到配电间的桥架走向。

在系统中，不仅可以查找到各级别的上、下级关系，还能直观地看到相互之间的桥架走向，帮助用户更快、更好地了解整个电气干线的走向及逻辑关系。具体如图 8-7 所示。

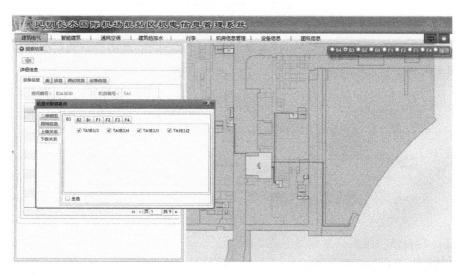

图 8-7 TA1 逻辑结构查询及其信息管理

另外，将 MEP 设备的动态检测数据附加到相应 BIM 模型中，通过对比设备各性能参数的实际值与设计值，可分析各 MEP 系统的运行状态，支持维护决策。如对比空调水系统管道水压的检测值 P_s 和设计值 P_d，辅助维修决策：

（1）如果 $0.9P_d < P_s < 1.1P_d$，则认为正常，不处理；

（2）如果 $P_s \geqslant 1.1P_d$ 或 $0.9P_d \geqslant P_s$，则提醒管理人员进行对管道和上游的加压泵等设备进行检测和维修。实现基于 BIM 的运维管理信息化，支持 MEP 系统的整体性能等功能。例如，如果一定期间内，该管道水压经常不正常，且多次维修后效果不佳，则需要分析该类型管道是否合格。

4. 航站楼流程信息管理应用

在系统中，输入旅客所在位置及输入登机口编号，就能查询出这位旅客从值机岛到登机口的路径信息、值机岛与登机口的距离信息和人的正常步伐可能需要的时间信息，这样旅客就能根据这些信息判断出自己的登机时间是否充足等，如图 8-8 所示。

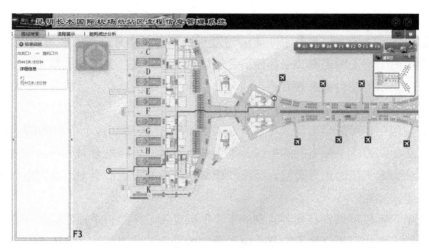

图 8-8　登机流程展示

从图 8-9 可以看出，根据航站楼的航班信息可知凌晨 24：00 时以后只有红色标出的路径有人流，因此可只开启该路径附近走廊、候机厅等空间的照明、空调设备和热水供应等，从而实现智能建筑节能。

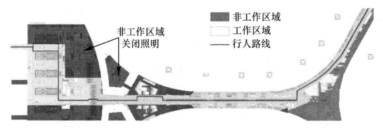

图 8-9　建筑智能节能控制

5. 航站楼报修与维护信息管理应用

在系统中，可以很容易地查看最近 3 个月时间内报修的总体数量，如查看最近 3 个月维修组维修人员接单数量的比较。图 8-10 所示为月度报修信息统计，通过该功能可获知报修单整体的完成情况、无需维修、正在维修中的各自百分比等。

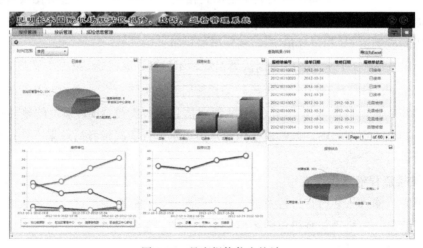

图 8-10　月度报修信息统计

8.2　基于 BIM 的商业建筑机电设备智能管理系统

8.2.1　系统概述

随着时代的变化，传统的办公方式需要消耗大量的人力与资源，繁琐的工作容易出现人为失误或进度缓慢，现代化的管理都将除去这些弊端。有关资料表明，较高档次建筑设备投资已达到工程总投资的 70％。其中，MEP 工程是建筑给水排水、采暖、通风与空调、建筑电气、智能建筑、建筑节能和电梯等专业工程的总称。MEP 系统是一个建筑的主要组成部分，直接影响到建筑的安全性、运营效率、能源利用以及结构和建筑设计的灵活性等。

基于从设计和施工阶段所建立的面向机电设备的全信息数据库，我们开发了基于 BIM 的机电设备智能管理系统（BIM-FIM）。该系统一方面可以实现 MEP 安装过程和运营阶段的信息共享，以及安装完成后将实体建筑和虚拟的 MEP-BIM 一起集成交付。另一方面，系统可以为加强运营期 MEP 的综合信息化管理，保障所有设备系统的安全运行提供高效的管理手段和技术支持。

8.2.2　系统架构

1. 网络结构

考虑到 BIM-FIM 需要以三维图形作为最基本的表现，对客户端的图形表现有较强的需求，且三维模型数据量极其巨大，模型变换和渲染所需要的计算量也很大，无法全部放在服务器端处理，因此 BIM-FIM 系统采用客户端/服务器（C/S）模式作为网络结构。

2. 逻辑结构

BIM-FIM 系统逻辑结构图如图 8-11 所示。

（1）数据源：与 BIM-FIM 相关的所有数据信息的来源，是未经处理的工程数据。

（2）接口层：通过接口程序将数据源信息导入到 BIM-FIM 的数据层。其中 IFC 解析器用于解析 IFC 文本文件；三维模型接口可以直接读取 IFC 模型文件生成三维模型，并且读取模型中所带的构件属性集及属性。

（3）数据层：根据系统的数据结构存储相关数据。数据层中还包括数据访问控制机制，通过判断本地缓存数据的版本号以及远程数据的版本号大小，自动选择是从本地读取数据还是通过网络传输读取服务器端的数据。如果是读取服务器数据，则在读入后同时保存一份最新版本数据至本地缓存文件。通过这样的控制机制，可以有效降低数据读取和更新的时间，提高系统运行效率。

（4）模型层：将数据层中的数据根据不同模块划分进行组织，从而建立机电设备智能管理信息模型。

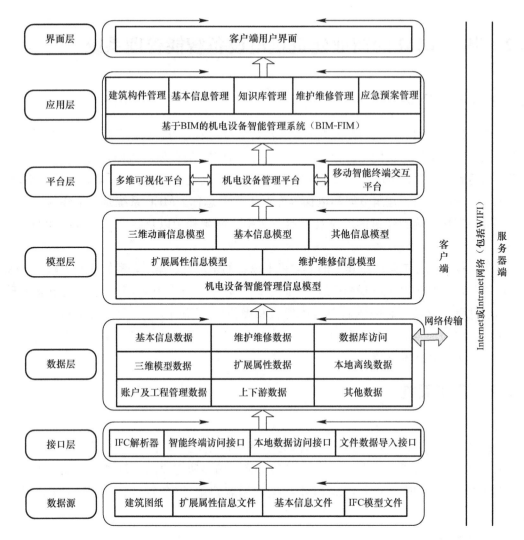

图 8-11 BIM-FIM 系统的功能模块组成

（5）平台层：平台层是在模型层的基础上，包含一系列算法和功能的集成环境和应用模块。机电设备管理平台是在三维平台的基础上加入机电设备管理的相关功能，实现机电设备的信息管理。移动智能终端交互平台是通过扫描二维码信息与远程服务器进行通信，进行数据的查询和构件定位。

（6）应用层：包括建筑构件管理、基本信息管理、知识库管理、维护维修管理、紧急预案管理，在机电设备智能化的管理理念中融合物业管理思想，实现机电设备管理与物业管理相结合的综合性管理平台。

（7）界面层：基于 WPF 技术，为用户使用各项功能提供友好的人机交互界面。

3. 物理结构

BIM-FIM 的系统架构为典型的 C/S 结构，服务器端配置路由器、防火墙以及 SQL Server 服务器一台，负责提供数据存储、访问和管理等服务。客户端为可接入网络的个人计算机，以及支持二维码扫描和无线网络传输的手持终端。

客户端计算机中还通过一个以 XML 文档形式保存系统配置信息和项目具体细节的配置文件，对 BIM-FIM 的应用环境进行设置。对于所管理的每一个项目，包含多个以二进制的形式将远程数据库中最新数据的拷贝，映射到缓存在本地计算机中的文档，用来提高 BIM-FIM 读取数据的效率。移动终端为采用 Windows Mobile 系统的手持 PDA，同样通过一个配置文件，实现当前终端和服务器连接的配置信息。

8.2.3 功能模块划分

BIM-FIM 系统包含集成交付平台、设备信息管理、维护维修管理、运维知识库以及应急预案管理五个主要功能模块，如图 8-12 所示。

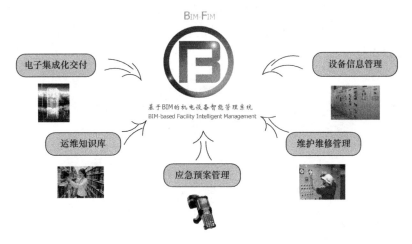

图 8-12　BIM-FIM 系统的功能模块组成

（1）电子集成交付平台：将建筑的机电设备三维模型及其相关信息导入 BIM-FIM 系统中，可将信息与系统电子化集成交付给业主方。

（2）设备信息管理：为运维人员查询设备信息，修改设备状态，追溯设备历史等需求，提供了方便快捷的查询、编辑和分析工具，以及列表和图表等综合报表功能。

（3）维护维修管理：为运维人员提供机电设备维护管理平台，以提醒业主何种设备应于何时进行何种维护，或何种设备需要更换为何种型号的新设备等，此外还包括维护、维修日志和备忘录等。

（4）运维知识库：提供了包括操作规程、培训资料和模拟操作等运维知识，运维人员可根据自己的需要，在遇到运维难题时快速查找和学习。

（5）应急预案管理：用二维编码技术以及多维可视化 BIM 平台进行信息动态显示与查询分析，为业主方提供设备故障发生后的应急管理平台，省去大量重复的找图纸、对图纸工作。运维人员可以通过此功能模块，可快速扫描和查询设备的详细信息、定位故障设备的上下游构件，指导应急管控。此外，该功能还能为运维人员提供预案分析，如总阀控制后将影响其他哪些设备，基于知识库智能提示业主应该辅以何种措施，解决当前问题。

8.2.4　系统应用案例

深圳嘉里中心Ⅱ期项目工程位于深圳市商业中心区，是由嘉里置业（深圳）有限公司投资，中建三局一公司承建的超高层商业建筑。地上 43 层，地下 3 层，总建筑面积为 10.3 万 m²，建筑高度 195.6m。

1. MEP-BIM 的创建

（1）IFC 数据接口

通过开发 IFC 模型转换接口，在导入 IFC 文件存储的 3D 模型的同时，也将建模过程中所录入的几何、类型等所有属性一并导入，并自动形成关联，从而实现了设计和施工信息与运维期信息的共享，如图 8-13 所示。导入后的模型及其所有属性统一存储在服务器数据库中，形成永久的 MEP 电子信息库，对建筑信息进行了全面的备案，同时给物业人员在运维期提供支持。

图 8-13　导入 IFC 生成模型、读取模型中数据

（2）属性数据接口

海量的信息录入是一项非常繁琐的工作，为了能更方便快捷地录入数据，系统提供了包括界面操作和 Excel 文件导入等多种录入数据的方式以满足用户的不同需求。即用户一方面可以通过操作图形界面，批量地添加属性信息，并个别地进行修改；另一方面也可以借助 Excel 等工具，快速创建属性信息。导入数据有以下几种方式：

① 初始化常规属性。该功能可以给构件导入相同的属性以及属性值。用户可以按照图 8-14 的格式制定 Excel 表格。从而实现数据的录入。

	A	B	C	D	E
	规格	指大小、尺寸等等			
			底部高程	数值	3500
			顶部高程	数值	4000
			当量直径	数值	686.7
			损耗系数	数值	0
			水力直径	数值	615.4
			剖面	数值	2
			面积	数值	1.919
			尺寸	数值	800×500
			宽度	数值	800
			高度	数值	500
			长度	数值	738
			总体大小	数值	800×500
			可用大小	数值	800×500

图 8-14　初始化常规属性的 Excel 格式

② 初始化特定属性。该功能是给单个构件添加固定的属性,用户按照图 8-15 的格式制定 Excel 表格,实现数据的录入。

Y	Z	AA	AB	AC	AD	AE	AF	AG	AH	AI	AJ
所属位置				基础数据					安装信息		
区域	楼层	BIM区域	防护等级	产品标准	安装规范	调试记录	型号	附属设备	安装方式	安装日期	安装人员
办公室顶部	38		IPV4	JG/T301-2011	GB50243-2002	链接	697322	VAV BOX	手动	2012.6.15	李健
办公室顶部	38		IPV4	JG/T301-2011	GB50243-2002	链接	697928	VAV BOX	手动	2012.6.15	李健
办公室顶部	38		IPV4	JG/T301-2011	GB50243-2002	链接	698115	VAV BOX	手动	2012.6.15	李健
办公室顶部	38		IPV4	JG/T301-2011	GB50243-2002	链接	701119	VAV BOX	手动	2012.6.15	李健
办公室顶部	38		IPV4	JG/T301-2011	GB50243-2002	链接	701442	VAV BOX	手动	2012.6.15	李健

图 8-15　初始化特定属性的 Excel 格式

③ 覆盖导入。覆盖导入功能是将之前的节点属性全部删除,只保存此次导入的属性。按照图 8-16 的格式制定 Excel 表格。

A	B	C	D	E	F
节点名称	属性集名称	属性集描述	属性名称	属性类型	属性值
矩形风管:半径弯头/T 形三通:697322					
	尺寸标注	几何尺寸			
			尺寸	数值	800×200
			宽度	数值	800
			高度	数值	200
			长度	数值	1697.7
	机械	机械相关数据			
			系统类型	文本	送风
			系统名称	文本	机械 送风
			底部高程	数值	3250
			顶部高程	数值	3450
			当量直径	数值	413.5
			损耗系数	数值	0
			水力直径	数值	320
			剖面	数值	1
			面积	数值	2.458

图 8-16　覆盖导入及增量导入的 Excel 格式

④ 增量导入。增量导入功能是在之前的属性基础上增加此次导入的属性,导入的 Excel 文件格式与覆盖导入的格式相同。

(3) 建立构件上下游关系

在项目中,成千上万的构件形成了错综复杂的结构关系。为了更好地对构件进行管理和辅助应急事件处理,需要建立构件之间的上下游关系。系统中,把构件的控制构件定义为其上游构件,把构件所控制的构件称为其下游构件。以暖通系统为例,风管的上游构件为风机,下游构件为风阀(风口终端)。通过在系统的图形平台中选择上下游构件,可以快速建立其上下游关系。图 8-17 所示为构件的上下游关系示意图。

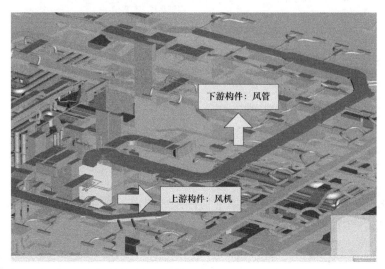

图 8-17　构件的上下游关系示意

2. 知识库管理

（1）图纸管理

图纸管理中包含了与项目相关的所有图纸，按照图纸的不同用途以及所属不同的专业进行分类管理，并实现了图纸与构件的关联，能够快速地找到构件的图纸。同时实现了三维视图与二维平面图的关联。用户通过选择专业以及输入图纸相关的关键字，快速的查找图纸，并且打开图纸，如图 8-18 所示。

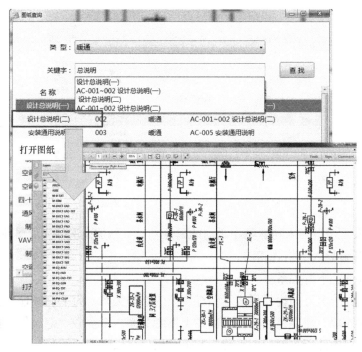

图 8-18　图纸管理

（2）培训资料与操作规程

知识库中储存了设备操作规程、培训资料等，当工作人员在操作设备的过程中遇到问题时，可以在系统中快速地找到相应的设备操作规程进行学习，以免操作出错导致损失，同时在新人的培训以及员工的专业素质提升方面也提供了资源支持，如图8-19所示。

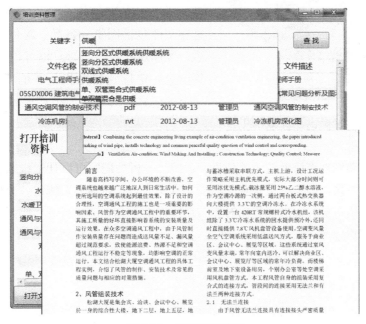

图 8-19　培训资料管理

（3）模拟操作

模拟操作是通过动画的方式更加形象、生动地去展现设备的操作、安装，以及某些系统的工作流程等。同时在内部员工的沟通上也有很大的帮助。模拟操作设置方式：添加模拟操作的名称，为该模拟操作设置构件模拟顺序，在设置模拟顺序时，用户可以通过设置每一步的颜色以及透明度，让模拟操作更加形象生动，如图8-20所示。

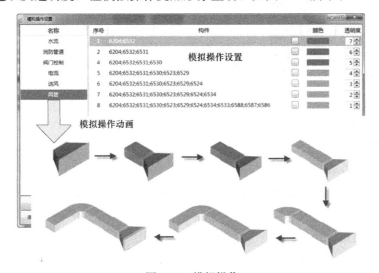

图 8-20　模拟操作

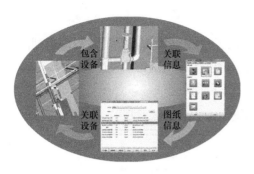

图 8-21 闭合的信息环

3. 信息的应用

（1）关联查询

BIM-FIM 系统中的所有信息都形成一个闭合的信息环（见图 8-21）。即通过选择机电设备，可快速查询与其关联的所有信息和文件，这些文件包括图纸、备品、附件、维护维修日志、操作规程等。同时，也可以通过查询图纸等信息，定位到与之相关联的所有设备构件。闭合的信息环为运维人员掌握和管理所有的设备和海量的运维信息提供了高效的手段。

（2）统计分析

系统中存储和管理着海量的运维信息，而统计分析功能则可以让运维人员快速地获取有用的和关键的信息，以及根据直观的图表，直观地了解到各个系统或各个构件当前的运行状况。为了让用户更好地进行数据对比，系统提供了直方图、饼图、线图、球图等统计图表的方式供用户选择，如图 8-22 所示。

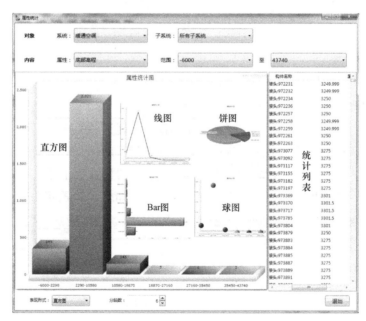

图 8-22 统计图

4. 物业应用

（1）维护维修管理

维护维修管理信息为机电设备管理人员提供了日常的管理功能，这些功能包括：在系统中为构件添加相应的维护计划，系统会按照该计划定期提醒物业人员对构件进行日常的维护工作，并在维护工作后，辅助录入维护日志，如图 8-23 所示。当需要维修时，物业管理人员根据报修的项目进行维修，并可查询备品库中该构件的备品数量，提醒采购人员制订采购计划。维修完成后，辅助录入维修日志。

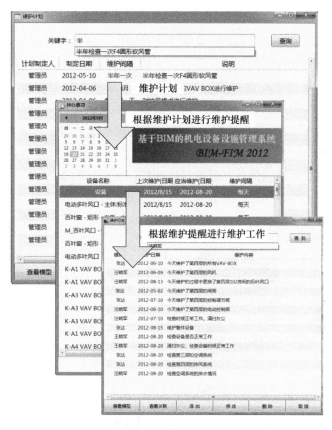

图 8-23　维护流程

（2）设备识别

运维人员在设备的维护维修过程中，使用移动终端设备，可扫描贴在设备上的二维码，并根据二维码中所提供的设备关键信息，连接并获取远程数据库中与该设备相关的其他附属信息，如图 8-24 所示。例如，设备安装和维护手册、设备大样图、设备参数等，运维人员也因此不需要携带大量的纸质文档到实地，实现运维知识电子化。

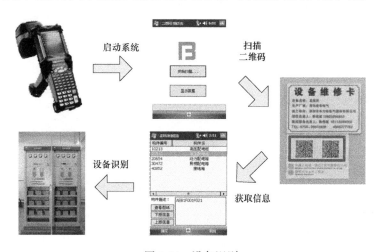

图 8-24　设备识别

（3）应急处理

当运维过程中出现紧急情况时，物业管理人员可携带移动终端设备进入到现场，通过扫描二维码获取出现问题构件的关键信息、详细信息以及其上下游的构件信息，并通过定位上游构件，尽快地找到上游设备进行处理。同时，系统还将自动分析对上游构件处理后，将会影响到哪些范围内的哪些设备。运维人员还可以选择将笔记本电脑带入现场，通过二维码扫描枪，可实现在 3D 环境中，更精确更直观地定位设备以及其上下游设备的位置，从而辅助现场操作人员更加方便和准确地处理紧急事件。具体的操作流程如图 8-25 所示：首先扫描出现故障的构件，然后通过移动终端获取该设备构件的信息，或者通过计算机在图形平台定位该设备构件，最后通过移动设备进行构件图纸定位或在计算机中实现 3D 定位。

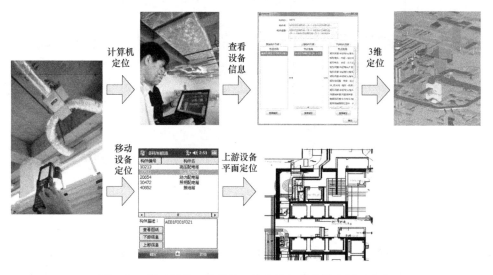

图 8-25　基于设备二维码的三维定位与移动设备平面定位

第9章

常用BIM平台软件及应用解决方案

本章主要介绍欧特克、奔特力、达索析统、鲁班软件、广联达、蓝色星球等行业主流软件厂商的 BIM 应用平台软件及其企业级 BIM 应用解决方案。欧特克、奔特力、达索析统、RIB 是国际主流的 BIM 软件厂商，占据国内大部分的市场份额。鲁班软件、广联达、蓝色星球是国内优秀的 BIM 软件厂商，具有自主的知识产权。本章对各软件厂商的 BIM 应用平台软件和 BIM 应用解决方案进行系统介绍。

9.1 欧特克的 BIM 应用解决方案

9.1.1 欧特克的 BIM 系统平台简介

欧特克（Autodesk）的产品和解决方案被广泛应用于制造业、工程建设行业和传媒娱乐业。自 1982 年 AutoCAD 正式推向市场以来，欧特克已针对全球最广泛的应用领域，研发出系列软件产品和解决方案，帮助用户提高生产效率，有效地简化项目并实现利润最大化，把创意转变为竞争优势。

欧特克针对建筑工程领域提供了专业的 BIM 系统平台及完整的、具有针对性的解决方案。欧特克整体 BIM 解决方案覆盖了工程建设行业的众多应用领域，涉及了建筑、结构、水暖电、土木工程、地理信息、流程工厂、机械制造等主要专业，如图 9-1 所示。

欧特克针对不同领域的实际需要，特别提供了欧特克建筑设计套件、欧特克基础设施设计套件等综合性的工具集，以支持企业的 BIM 应用流程。其中，面向建筑全生命周期的欧特克 BIM 解决方案以 Autodesk Revit 软件产品创建的智能模型为基础；面向基础设施全生命周期的欧特克 BIM 解决方案以 AutoCAD Civil 3D 土木工程设计软件为基础。同时，还有一套补充解决方案用以扩大 BIM 的效用，包括项目虚拟可视化和模拟软件、AutoCAD 文档和专业制图软件以及数据管理和协作系统软件。

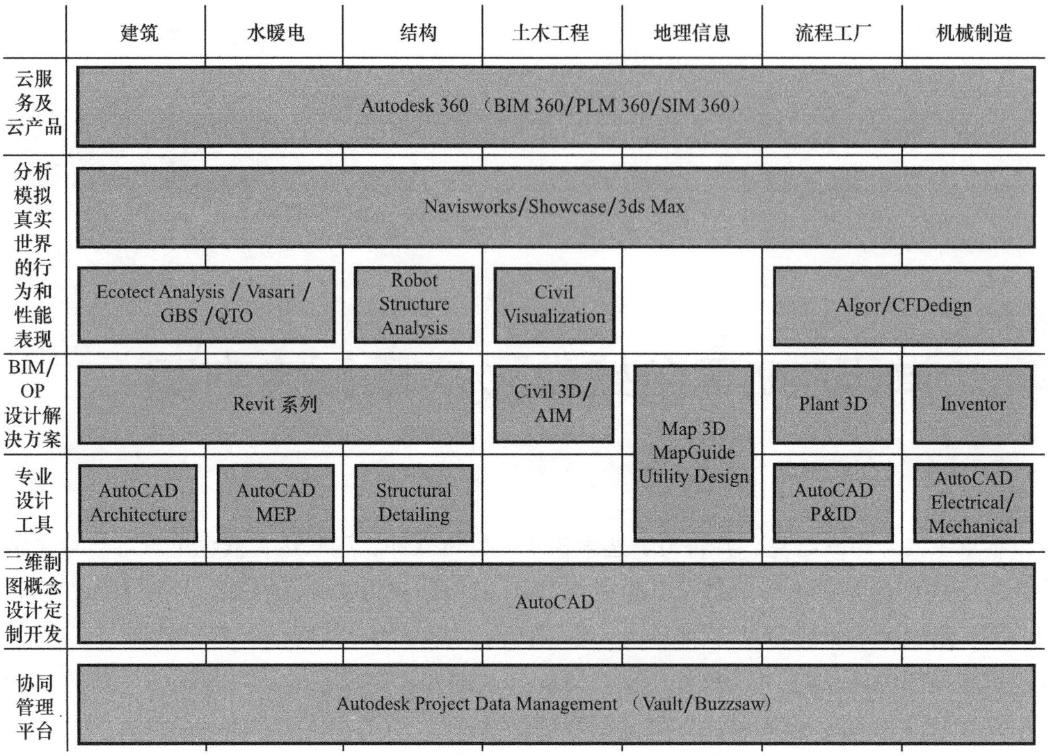

	建筑	水暖电	结构	土木工程	地理信息	流程工厂	机械制造
云服务及云产品	Autodesk 360 （BIM 360/PLM 360/SIM 360）						
分析模拟真实世界的行为和性能表现	Navisworks/Showcase/3ds Max						
	Ecotect Analysis / Vasari / GBS /QTO		Robot Structure Analysis	Civil Visualization		Algor/CFDedign	
BIM/OP 设计解决方案	Revit 系列			Civil 3D/AIM	Map 3D MapGuide Utility Design	Plant 3D	Inventor
专业设计工具	AutoCAD Architecture	AutoCAD MEP	Structural Detailing			AutoCAD P&ID	AutoCAD Electrical/Mechanical
二维制图概念设计定制开发	AutoCAD						
协同管理平台	Autodesk Project Data Management （Vault/Buzzsaw）						

图 9-1　欧特克 BIM 解决方案架构图

9.1.2　欧特克 BIM 系统与外部系统的数据交互

欧特克 BIM 系统支持与其他系统或软件的集成应用与数据交换，如图 9-2 所示。欧特克 BIM 系统基于 Revit、Civil 3D 的智能模型是与外部系统软件进行数据交互的基础，根据不同的工程目的和设计阶段，演化成不同深度和符合不同应用目标的模型，与其他 BIM 应用软件进行数据交互。

9.1.3　基于 Revit 平台的企业级 BIM 实施案例

中国建筑设计研究院是我国大型骨干科技型中央企业，该院企业级、全专业的 BIM 实施推广过程是经过企业多年的实践经验积累，通过整体规划、逐步深入的实施方法实现的。其实施过程中关键环节如下。

（1）企业级 BIM 标准的制定：BIM 标准的制定是企业级 BIM 实施的核心内容，只有将 BIM 应用的经验积累提炼为企业整体 BIM 应用的标准，才能将这些经验真正转化为生产力，实现整体 BIM 应用效率及质量的提升。

（2）BIM 软硬件环境建设：BIM 技术较二维设计技术对软硬件环境的要求更高，在 BIM 实施中，必然要对软硬件环境进行必要的升级改造。

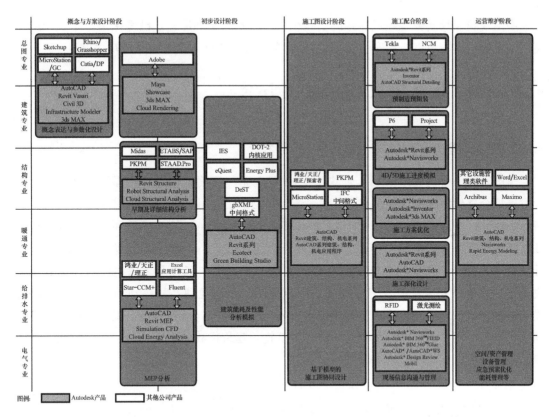

图 9-2　欧特克 BIM 系统与外部系统的数据交互

（3）全专业 BIM 设计应用：在若干试点项目完成以后，在该院 2012 年承接的中国移动国际信息港项目（20 万 m²）以及中国建筑设计研究院科研创新示范楼项目中，已实现了完全基于 BIM 技术进行设计工作的模式，实现了初步设计全专业 BIM 出图，并正在完成施工图全专业设计出图的工作（设计平台采用 Revit Architecture/Stucture/MEP）。图 9-3 所示为中国移动国际信息港项目基于 Revit 模型的各专业出图比例。

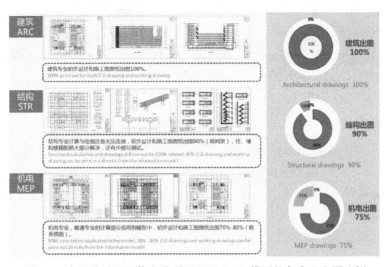

图 9-3　中国移动国际信息港项目基于 Revit 模型的各专业出图比例

中国建筑设计研究院经过多年的实践积累与不断的探索推进，已经探索出了一套适合该院的企业级实施方案，同时也为国内 BIM 企业级实施探索出了一条成功之路。

9.2 奔特力的 BIM 应用解决方案

9.2.1 奔特力的 BIM 系统平台简介

美国奔特力公司（Bentley）创建于 1984 年，是一家面向全球客户提供基础设施可持续发展综合软件解决方案的软件公司。奔特力的 BIM 应用产品包括：用于设计和建模的 MicroStation、用于项目团队协作和工作共享的 ProjectWise、用于项目和资产数据管理的 eB。按照市场需求，奔特力将 BIM 应用划分为地理信息、土木工程、建筑工程和工厂设计 4 个纵向行业。奔特力的工程 BIM 应用解决方案是面向工程全生命周期的系统集成解决方案。它可以完成从航片卫片处理、生成地图、土地规划开始，到场地工程、道路桥梁、铁路、地铁，再到建筑以及附属的水、风、电、结构，再到设备、工艺管道的全面协同工作，帮助用户实现把管道和设备放进建筑物，建筑物放在小区场地，小区放在地理信息系统上，如图 9-4 所示。

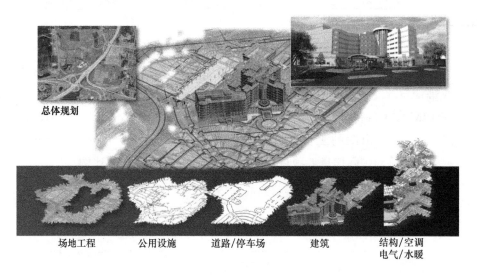

图 9-4 奔特力的工程全生命期 BIM 应用解决方案

奔特力的 BIM 解决方案是以 2D/3D 一体化的图形平台 MicroStation 软件为基础，通过该图形平台实现各个专业应用软件之间的数据互通，以满足全部纵向行业的使用要求。此外，通过 ProjectWise 工程管理平台，实现数据互用和协同操作，帮助远程团队实现工作共享、工程生命期数据的重复应用，以及闭环的工作流程。

针对特定的基础设施类型，从奔特力产品线上选取适当的专业应用软件，再加上管理平台 ProjectWise，就可以构成面向整个基础设施各种具体项目的解决方案。

9.2.2　面向建筑工程的 BIM 应用解决方案

面向建筑工程的 BIM 应用解决方案包含 4 个大的要素：全专业 3D 协同设计系统 AE-COsim、5D 可视化施工过程管理系统 Constract-Sim、可视化的设施管理系统 Facility Management、工程信息管理平台 ProjectWise＋eB，如图 9-5 所示。

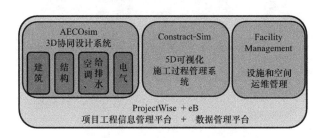

图 9-5　奔特力的建筑工程 BIM 应用解决方案

其中，AECOsim 用于建筑、结构、空调、水、暖、电气等多专业全信息建模、出图和工程量的计算。从功能上，涵盖了模型创建、图纸输出、材料统计、渲染动画、碰撞检测等模块，在数据互用方面提供了极大便利；ProjectWise 是工程项目从设计到施工再到运维整个生命周期的工程数据中心，既能负担内部协作，又能完成外部协作，是 BIM 解决方案不可或缺的管理平台。

奔特力的建筑工程 BIM 应用解决方案已成功应用于北京首都机场 T3 航站楼、水立方游泳馆、上海巨人网络集团总部、香港新机场、伦敦奥运场馆、伦敦瑞士投资银行、伦敦议会大厦、伦敦维多利亚地铁、伦敦 Crossrail 交通枢纽、埃及开罗石塔商业区等大型建筑工程，取得了很好地应用效果。

9.3　达索析统的 BIM 应用解决方案

法国达索析统（Dassault Systemes）公司是产品生命周期管理（Product Lifecycle Management，PLM）解决方案的主要提供者，专注于 PLM 解决方案已有超过 30 年历史。随着 3DEXPERIENCE 平台的发布，达索析统的目标是将数字资产的应用扩大到企业的全面运营。对于建筑业，其战略是以 BIM 信息为核心，将项目参与各方（业主、设计方、施工方等）全面集成起来。

9.3.1　3DEXPERIENCE 解决方案

达索析统的 3DEXPERIENCE 解决方案由 3DEXPERIENCE 平台，以及这个平台上的一系列行业流程包两个层次组成。3DEXPERIENCE 平台是整个解决方案的基础，支持所有的数据保存在同一个数据库中，供不同的人员、不同的应用流程来访问。流程包是具体的应用模块，达索的流程包分为：设计建模、施工模拟、计算分析、协同管理 4 类，如图 9-6 所示。

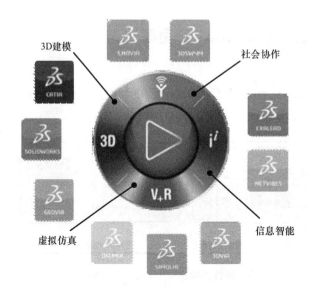

3D建模　　　社会协作

虚拟仿真　　　信息智能

图 9-6　达索析统的 3DEXPERIENCE 解决方案

1. 3DEXPERIENCE 平台

3DEXPERIENCE 平台是所有 3DEXPERIENCE 应用的基础，为整个平台上的所有流程提供一致的用户体验。3DEXPERIENCE 平台既提供企业私有云版本，也提供公有云版本，但面向中国市场，达索析统主推的是 3DEXPERIENCE 企业私有云版本。此平台集成了以下功能：

（1）3DCompass：通过强大的 3D 罗盘，为所有软件工具（包括第三方工具）提供一致的操作入口。

（2）3DSpace：在企业内部的服务器上存储任何工程设计、生产或仿真的数据信息，并提供简便、安全、强大的协同机制。

（3）3DPlay：显示 3D 场景并分享视图。

（4）3DMessaging：通过文本、图像和 3D 方式进行实时的在线沟通，促进企业内部的社交协作。

（5）3DSearch：集成的信息搜索和过滤工具。

（6）6WTags：创建智能的结构化标签，以增强搜索能力。

2. CATIA——设计建模工具

CATIA（Computer Aided Three-Dimensional Interface Application）是达索析统公司旗下的 CAD/CAE/CAM 一体化软件。CATIA 广泛应用于航空航天、汽车制造、造船、机械制造、电子/电器、消费品行业，它的集成解决方案覆盖了众多产品设计与制造领域。在建筑行业，CATIA 适合于复杂造型、超大体量等建筑项目的概念设计，其曲面建模功能及参数化能力，为设计师提供了丰富的设计手段，能够实现空间曲面造型、分析等多种设计功能，帮助设计师提高设计效率和质量。CATIA 的基本特点包括：

（1）自顶向下的设计理念；

（2）强大的参数化建模技术；

（3）与生命周期下游应用模块的集成性；

（4）良好的二次开发扩展性。

3. SIMULIA——计算分析工具

达索 SIMULIA 公司（原 ABAQUS 公司）是世界知名的计算机仿真行业的软件公司，其主要业务为世界上最著名的非线性有限元分析软件 Abaqus 进行开发、维护及售后服务。

Abaqus 软件已被全球工业界广泛接受，并拥有世界最大的非线性力学用户群。Abaqus 软件以其强大的非线性分析功能以及解决复杂和深入的科学问题的能力，在结构工程领域得到广泛认可，除普通工业用户外，也在以高等院校、科研院所等为代表的高端用户中得到广泛称誉。研究水平的提高引发了用户对高水平分析工具需求的加强，作为满足这种高端需求的有力工具，Abaqus 软件在各行业用户群中所占据的地位也越来越突出。

4. DELMIA——施工模拟工具

DELMIA（Digital Enterprise Lean Manufacturing Integrated Application）是达索公司的数字化企业精益制造集成式解决方案。DELMIA 专注于复杂制造/施工过程的仿真和相关的数据管理。在制造业，DELMIA 是最强大的 3D 数字化制造和生产线仿真解决方案。而在建筑业，DELMIA 被用作建筑施工规划的虚拟仿真解决方案，帮助用户高效利用时间、优化施工、降低风险等。

5. ENOVIA——项目管理与协同工具

为了帮助建筑企业实现业务变革，进入可持续性发展通道，3DEXPERIENCE 解决方案中包含 ENOVIA 系列应用，可以满足以下方面的企业需求：

（1）项目管理

项目管理人员可创建项目、分解 WBS 结构、分配任务、制订资源计划及财务预算等，并通过自动生成的实时图表监控项目进展状况。项目成员可查看分配的任务信息，并汇报任务完成情况。系统会根据此信息自动更新项目监控图表，并可与 Microsoft Project、Primavera P6 等系统集成。

（2）设计质量管理

支持设计审核人员对模型进行组装、浏览、校审。可浏览 2D 和 3D 图形，并进行批注、测量，以及动态 3D 截面、碰撞检查等。对于问题管理流程，在审核过程中发现问题，可将问题分配给责任人，责任人解决问题后返回审核人员确认关闭问题。

（3）知识管理

定义文档创建、审阅、批准和流转的权限和流程；支持企业定义自身的知识库和企业标准，并在项目中贯彻执行。

（4）供应链管理

支持供应商管理、采购流程管理、变更管理，可与 SAP、Oracle 等 ERP 系统提供集成接口。

9.3.2 基于达索析统的 BIM 应用案例

上海证大喜马拉雅艺术中心位于上海市浦东区，总建筑面积达 18 万 m^2，其中当代艺术馆面积超 2 万 m²。该建筑由国际著名建筑设计大师矶崎新与上海现代建筑设计集团合作设计。上海现代建筑设计集团决定利用达索析统的 CATIA（用于虚拟产品设计和创新）和 SIMULIA（用于虚拟产品测试）来检验和改善该建筑的建构设计的合理性。

与传统的矩形布局和设计方案不同，上海证大喜马拉雅艺术中心（图 9-7）采用了仿生结构设计，使用分形数学中常见的弧线和不规则形状来设计建筑立面，整体布局参照了自然界中树根的形态，采用了"表现主义"的建筑手法。这种设计结构受力复杂，属于超限建筑，对设计师和建筑师提出了非常大的挑战。

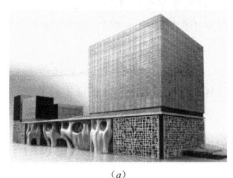 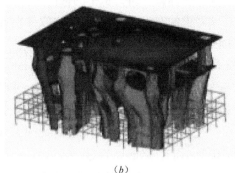

(a)   (b)

图 9-7 上海证大喜马拉雅艺术中心

(a) 效果图；(b) 模型图

达索析统 CATIA 具有强大的 3D 模型设计和风格化功能，可将 3D 数据生成建筑设计、施工需要的表面、内表面及截面，它所构造的精确的曲面模型，大大方便了结构设计与施工，确保建筑师可以将这样复杂的创意变为现实。除此之外，工程师还使用 SIMU-LIA Abaqus 一体化有限元分析软件对艺术中心进行结构分析。通过分析发现了通常情况下无法发现的建筑结构中需要进行强化以便提升安全性的特定区域，甚至还获得了在不影响结构完整性的情况下可以省却大量钢材的区域。

9.4 广联达的 BIM 应用解决方案

9.4.1 广联达的 BIM 简介

广联达软件股份有限公司成立于 1998 年，是国内建设工程领域信息化服务企业，企业立足建设工程领域，围绕工程项目的全生命周期，为客户提供以工程造价为核心、以 3M（PM、BIM、DM）为独特优势的软件产品和企业信息化（整体）解决方案，产品被广泛使用于房屋建筑、工业设施与基础设施三大行业。

广联达的 BIM 应用体系包括 BIM 整体解决方案、BIM 标准化产品、BIM 免费应用 3 部分（图 9-8）。

（1）BIM 整体解决方案：覆盖建筑全生命期的 BIM 解决方案，以 BIM 系统＋项目实施的方式，为客户提供 BIM 部署和实施服务，满足大型项目复杂和个性化的需求。

（2）BIM 标准化产品：包括 BIM5D、MagiCAD、结构施工图设计、BIM 算量、施工场地布置、模板脚手架等一系列标准化软件，既能灵活专业地实现 BIM 应用，又具有超低的应用门槛和简化的应用场景。

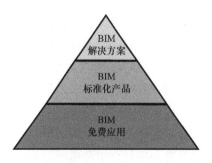

图 9-8　广联达的 BIM 应用体系

（3）BIM 免费应用：包括 BIM 浏览器和 BIM 审图两款软件，覆盖最常用的 BIM 两大功能，可迅速集成多专业模型，以最低的门槛迅速入门并实现应用。

9.4.2　广联达的 BIM 应用解决方案

广联达公司将 BIM 的应用理解为一个模型逐步深化的过程，在这些模型的基础上开展一些专业的应用，如图 9-9 所示。广联达的 BIM 应用更多地关注施工阶段，主要包括：进度管理、施工模拟、动态成本控制、采购支付、竣工结算等。最后运维阶段的 BIM 应用包括：设备管理、空间管理、运维管理等。

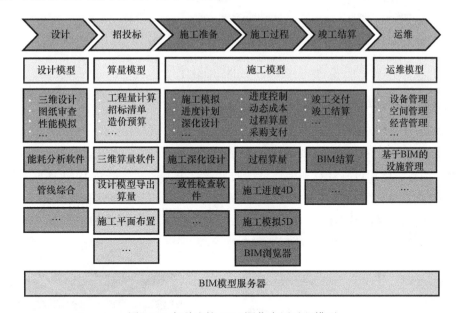

图 9-9　广联达的 BIM 深化应用过程模型

1. BIM5D——重新定义施工模拟

广联达依靠自主知识产权的 3D 图形平台技术，实现自主创新的具有国际领先水平的 BIM5D 产品（图 9-10）。通过 BIM 模型集成进度、预算等关键信息，对施工过程进行模拟，及时为施工过程中的技术、生产、商务等环节提供准确的形象进度、物资消耗、过程计量、成本核算等核心数据，帮助用户对施工过程进行数字化管理，达到节约时间和成本的目的。

BIM5D 更像是一个可以随时调用的大型数据资源库。在项目施工执行过程中，不同节点、不同形象部位，以及不同施工流水段分别需要采购多少物资，BIM5D 可以帮用户分析资源信息。以工程算量为例，正常情况下，随着时间的变化，项目每个节点的工程量有变化，BIM5D 通过数据分析，可以精准地计算出相应的工程量。这在很大程度上解决了项目过程不透明、成本不可控的问题。

BIM5D 作为一款聚焦施工阶段的关键工具产品，实现了与其他施工链的延伸产品相结合，包括现场布置的产品，钢筋下料的产品，以及云的 BIM 浏览器的产品和服务等，贯穿并为项目全生命周期服务，提供了更加完整的 BIM 解决方案。

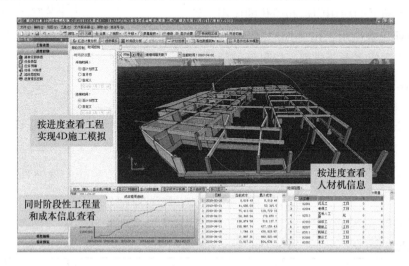

图 9-10　BIM 5D 软件

2. BIM 算量系列——基于 BIM 模型的快速准确计算工程量

广联达 BIM 算量系列产品是基于完整的三维模型，支持 BIM 模型和工程量信息的交互，并具备多专业、多客户协同能力。算量系列产品符合国家计量规范和标准，提供估算、概算、预算、施工过程计算和结算过程的算量解决方案。广联达 BIM 算量系列产品，包含土建 BIM 算量软件 GCL、钢筋 BIM 算量软件 GGJ、安装 BIM 算量 GQI、对量软件 GSS/GST、变更算量产品 JBG/TBG、精装算量软件 GDQ，如图 9-11 所示。

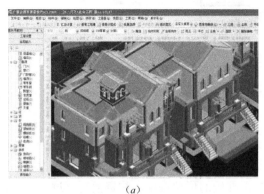
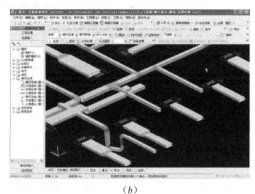

(a)　　　　　　　　　　　　　　(b)

图 9-11　工程量计算、成本控制软件（一）

(a) 土建 BIM 算量软件 GCL；(b) 安装 BIM 算量软件 GQI

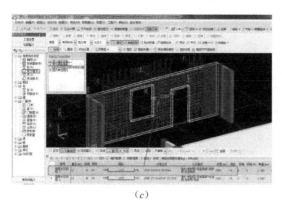 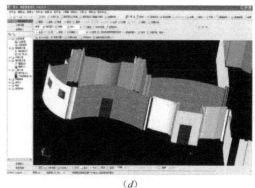

(c) (d)

图 9-11 工程量计算、成本控制软件（二）

(c) 钢筋 BIM 算量软件 GGJ；(d) 装修 BIM 算量软件 GDQ

3. BIM 浏览器——免费的模型集成浏览和协作工具

广联达 BIM 浏览器是一款集成多专业 BIM 模型查看、管理的软件。产品提供 PC 和移动版，用户可随时随地浏览检查三维模型，用于直观地指导施工与协同管理。

BIM 浏览器具有如下功能特点：（1）支持国际 IFC 标准，可集成 Revit、MagiCAD、Tekla 等多专业设计模型。可通过广联达预算模型，快速实现多专业模型集成。（2）便捷的三维模型浏览功能，可按楼层、按专业多角度进行组合检查。可以在模型中任意点击构件，查看其类型、材质、体积等属性信息。（3）将模型构件与二维码关联，使用拍照二维码，快速定位所需构件。（4）批注与视点保存功能，随时记录关键信息，方便查询与沟通。（5）支持手机与平板电脑，随时随地查看模型。项目团队成员在一个软件平台上协同工作，实时交流共享关键信息。

9.5 鲁班的 BIM 应用解决方案

9.5.1 鲁班的 BIM 平台简介

上海鲁班软件有限公司成立于 1999 年，由行业资深专家杨宝明博士与 IDGVC 创建于上海张江软件园。鲁班基础数据分析系统（Luban PDS）是一个以 BIM 技术为依托的工程成本数据平台。它创新性的将最前沿的 BIM 技术应用到了建筑行业的成本管理当中。只要将包含成本信息的 BIM 模型上传到系统服务器，系统就会自动对文件进行解析，同时将海量的成本数据进行分类和整理，形成一个多维度的、多层次的、包含三维图形的成本数据库。通过互联网技术，系统将不同的数据发送给不同的人。总经理可以看到项目资金使用的情况，项目经理可以看到造价指标信息，材料员可以查询下月材料使用量，不同的人各取所需，共同受益。从而对建筑企业的成本精细化管控和信息化建设产生重大作用。

9.5.2 鲁班的 BIM 解决方案

1. 鲁班的 BIM 应用流程

鲁班 BIM 解决方案,首先通过鲁班 BIM 建模软件高效、准确的创建 7D 结构化 BIM 模型(图 9-12),即 3D 实体、1D 时间、1D·BBS(投标工序)、1D·EDS(企业定额工序)、1D·WBS(进度工序)。创建完成的各专业 BIM 模型,进入基于互联网的鲁班 BIM 管理协同系统,形成 BIM 数据库。经过授权,可通过鲁班 BIM 各应用客户端实现模型、数据的按需共享,提高协同效率,轻松实现 BIM 从岗位级到项目级及企业级的应用。

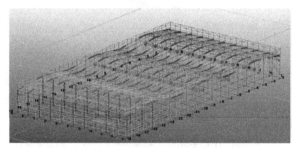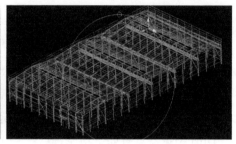

图 9-12   设计 BIM 模型转化为 7D BIM 模型

鲁班 BIM 技术的特点和优势,可以更快捷、更方便地帮助项目参与方进行协调管理,BIM 技术应用的项目将收获巨大价值。具体实现可以分为创建、管理和共享 3 个阶段。

鲁班定位于建造阶段的 BIM 专家,并提出了基于 BIM 技术的鲁班基础数据整体方案,是由鲁班软件首家提出的企业级工程基础数据整体解决方案。与工程项目管理密切相关的基础数据包括:实物量数据、价格数据、消耗量指标数据、清单定额数据等。基于 BIM 技术的业主方投资管理方案,是把原来分散在项目上和个人手中的数据进行统一管理。通过提供企业级和云计算的两种方案,帮助企业建立企业级四大基础数据库,即企业大后台、总部、项目部、各相关单位等各部门使用的客户端,最终成为一个个"小前端",可通过互联网,快速调取实时准确所需的基础数据,并对多家单位与多个部门基于 BIM 进行协调管理。

在基于 BIM 的鲁班基础数据系统的支撑下,鲁班建立了较为完整的基于 BIM 的项目管理解决方案,如图 9-13 所示。鲁班 BIM 解决方案的价值如图 9-14 所示。

2. 鲁班 BIM 解决方案的特点与优势

专业化技术优势,高效快速地建立 BIM 模型:鲁班 BIM 聚焦于建造阶段,一直致力于充分利用上游设计成果。鲁班的上游数据转化和利用技术一直领先同行,二维的 CAD 图纸转化已经炉火纯青,平均 2 天可以完成 1 万 m^2 全专业 BIM 模型建立,建模效率是其他 BIM 建模软件的数倍。

针对设计 BIM 模型,Luban Trans 可实现将 Revit 设计 BIM 模型通过 API 数据接口直接导入鲁班软件系统,其他设计 BIM 模型可以通过 IFC 标准数据接口导入。

基于云的 BIM 系统平台,有效实现多部门间的协同:鲁班 BIM 系统是项目、企业级,并实现了平台与云的结合。BIM 基础数据库构架于云端，BIM 模型应用客户端可以随时随地访问云端数据库，实现协同办公和数据共享，所有项目参与单位可以根据授权随时随地查看 BIM 模型中最新最准确的信息，在项目全过程为相关单位提供技术支撑、数据支撑。

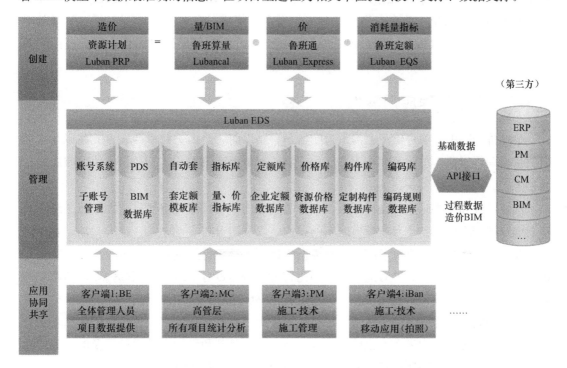

图 9-13　鲁班 BIM 技术应用整体解决方案系统结构图

图 9-14　鲁班 BIM 管理解决方案在项目全过程中的价值

"小前端、大后台",提升对项目的管控能力:鲁班 BIM 系统是企业级的解决方案,可以数字化统一管理企业在建的、已实施的、要投标的所有项目,注重数据在企业内的积累、利用与共享。如企业指标库、定额库、构件库可以实现相关指标、数据在企业内部所有成员间的共享。而企业级的基础数据平台,构成了企业的大后台,可以随时随地了解项目上的真实数据与情况,提升项目管控能力,同时利用集团优势为项目提供支持与服务。

9.5.3　典型工程应用案例

金虹桥国际中心项目位于上海市长宁区茅台路以南、娄山关路以西、古北路以东、娄山关路 455 弄以北,总建筑面积为 26 万 m²,其中地上建筑面积 14 万 m²,地下四层建筑面积为 12 万 m²,如图 9-15 所示。

提前发现和解决碰撞的设计问题。在管道施工前,项目部应用鲁班软件按照图纸要求建立虚拟模型来检查各个专业管道之间的碰撞,以及与土建专业中梁、柱的碰撞,发现碰撞,及时调整,较好地避免了施工中管道发生碰撞,避免拆除重新安装的问题。其中在 15 楼设备层找到了大小 212 处碰撞点,影响比较大的碰撞点有 12 处。地下室 B3 层消防和通风专业碰撞点 158 处,影响比较大的碰撞点有 15 处。在地下室 B3 层施工时,管道施工员发现报警阀间室外部分的消防主管无法进入报警阀间,并且和风管存在严重的碰撞,从鲁班软件建立的虚拟模型来看,也验证了这一情况。项目部和设计人员进行了及时沟通,重新调整标高,直接把问题解决在模型中,避免了拆除重新安装的问题。图 9-16 所示为某处的碰撞点。

图 9-15　金虹桥国际中心效果图　　　　　　图 9-16　碰撞点

快速测算工作量,有利于材料管理控制。应用鲁班软件,项目部根据不同的楼层和区域,从电子图纸直接快速计算出实物量,作为材料采购和编制施工计划的依据,有利于材料管理和控制。鲁班软件建立的模型就如同做好的蛋糕,需要那块的量,直接切下来就可以了。模型可以把某个区域或系统的量测算出来。例如,电气中一个配电箱或许有十几个回路,每一个回路上要用多少灯,多少开关,多少电线都可以很方便计算出来,如图 9-17

所示。

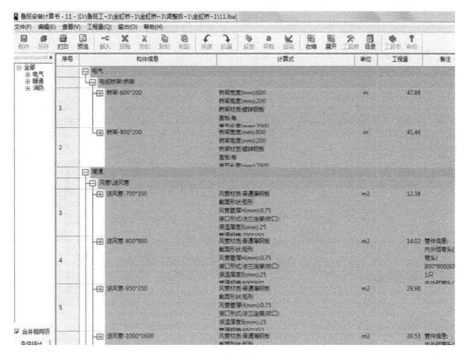

图 9-17　快速算量材料管控

9.6　建谊的 iTWO 应用解决方案及应用案例

建谊集团是一家以 BIM 信息化为特色的地产开发集团，在业内先后与国内外数十家系统软件厂商开展合作，在自己开发的项目上大胆试用、使用，并根据企业自身管理特点，逐步梳理基于软件系统的管理流程和管理制度，形成了集团独有知识产权的 BIM 标准及流程体系。集团于 2014 年引入德国 RIB 公司的 iTWO 系统，目前在建的有 4 个项目使用这套系统。

9.6.1　建谊的 iTWO 应用解决方案

iTWO 提供 5D 建筑过程模拟、施工能力验证、算量、计价、项目进度管理、项目时间控制、项目成本控制、招标投标及分包管理、工程变更管理、记账及报告等功能。主要的工作流程如图 9-18 所示，以下介绍 iTWO 的各项功能及效益。所有功能基于需要 iTWO 5D 模块的 3D 模型。

1. 5D 模拟

5D 模拟功能显示建设项目随着时间的演变，以及关键资源的成本和数量。iTWO 是世界上第一个集成 BIM 软件 5D 模拟技术的解决方案。5D 模拟提供的可视性，为 iTWO

用户提供以下优点：

（1）支持总承包商，以优化项目进度管理和项目成本控制。

（2）识别可能影响项目工期和投资的风险，以便尽早采取有效措施应对。

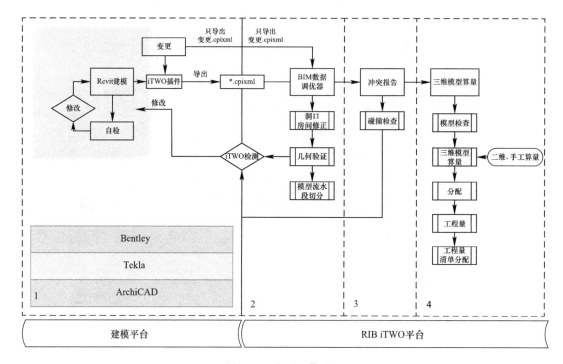

图 9-18　主要工作流程

（3）支持总承包商预测现金流。

（4）支持项目业主更好地了解总承包商如何规划施工过程。

（5）帮助项目业主控制项目进程和储备工程预算，确保业主按照工程的进度进行付款。

（6）帮助项目业主和总承包商及时采购材料。

（7）帮助总承包商和项目业主清晰准确地把握项目施工进度。

综上所述，建筑流程的 5D 模拟功能能够让总承包商和项目相关人员之间进行更有效的沟通和协调。而更好地沟通和协调能够为项目增添有利价值，如缩短项目工期，节约项目成本。

2. 施工可行性验证

iTWO 能够与目前流行的大部分 BIM 设计工具整合，如 Revit、Tekla、Archi CAD、Allplan、Catia 等。通过与建筑，结构和机电（MEP）模型整合，iTWO 可以进行跨标准的碰撞检测。因此，iTWO 中的碰撞检测并不限定于某一种类型或某一个特定的 BIM 设计工具。而且，3D 模型的可视化使施工可行性验证简化。设计流程和建造流程的整合，降低了重复作业的可能性。

综上所述，通过跨标准的设计和建造流程的整合和协调。iTWO可以降低重复作业和项目延误的风险，以达到降低项目成本和减短项目生命周期的目的。

3. 项目成本控制

项目成本控制是整个项目实施过程中控制的基础，iTWO能够实现项目成本控制，具体功能的实现和所涉及的iTWO模块见表9-1。

项目成本控制功能

表9-1

具体功能	涉及的iTWO模块
连接项目时间表和相关成本	建筑活动模型
资源规划	建筑活动模型-资源
5D模拟	建筑活动模型，5D模拟
施工期实际进度和成本管理	建筑活动模型

（1）通过连接项目进度和成本，iTWO能够实时追踪项目进度、实际成本和完成数量。

（2）通过建立记账阶段和插入完工程度模块，或者使用精确的工料估算，还可以另外输入一个绝对值，iTWO可以将实际成本和计划成本进行比较，并通知超支情况。及时的风险识别能够提早减轻风险损失。不仅如此，iTWO还能够自动更新实际项目成本和利润。

（3）通过5D模拟，用户可以识别影响项目投资的潜在风险，并预测现金流。

（4）通过5D模拟，用户可以精确预测随着项目进展所需的资源需求和消耗。

4. 工程变更管理

在施工阶段，业主方、设计方、总承包商和分包商可能会提出一些更改（如，设计更改，工程量更改，工作项目的增加或减少等）。在iTWO工作流程中，每次订单变更会出现下面的情形之一：通知、通过或者未通过。实时跟踪订单的更改，使得总承包商可以向项目业主报销额外的费用。其主要功能是方便工程变更的信息化管理，具体功能及所涉及到的iTWO模块见表9-2。

工程变更管理具体功能

表9-2

具体功能	涉及的iTWO模块
工程变更管理	变更
变更的工程量清单	工程量清单
变更相关的计价更新	估算
变更相关的进度更新	建筑活动模型

（1）iTWO创建工程量清单的变更为项目业主提供参考。

（2）每当用户输入一项订单变更的完成进度，iTWO就会随即生成对应的账单文档，总承包商即可立刻用该文档向业主申请进度款。

（3）当发生变更时，用户只需调整项目进度计划的对应部分，iTWO就可立刻自动更新该项目的收入和利润。

9.6.2 基于 iTWO 平台的 BIM 实施案例——大红门西路 16 号院

大红门西路16号院工程位于丰台区大红门西路16号院。总建筑面积约12.3万 m^2，其中地下4.3万 m^2，地上8.0万 m^2。由住宅楼和裙房组成，地下三层，地上15～21层，建筑高度56～63m。效果图如图9-19所示。

图 9-19　大红门 16 号院效果图

1. 模型的建立和导入检查

这部分主要工作是从三维模型搭建工具到iTWO的转换过程，真正实现了从前期设计模型到后期的算量。首先要在模型软件中按照国内算量及计价的要求搭建模型，通过iTWO的插件导出CPI文件，再导入iTWO中进行模型检查、修正等工作。当模型符合要求后就可以进行算量、计价、挂接进度等工作。目前除了Revit以外，奔特力、Tekla、ArchiCAD也可以通过CPI文件导入iTWO中进行后续工作。模型检查如图9-20所示。

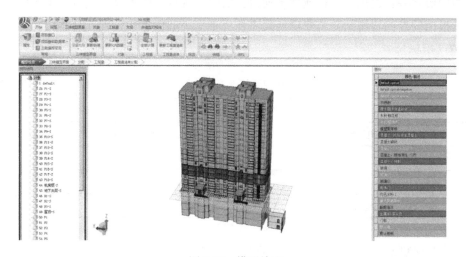

图 9-20　模型检查

2. 基于设计模型的算量组价

三维模型算量是将三维模型算量与业主的工程量清单相关联，计算三维模型工程量。清单组价是在投标阶段可以根据地方定额或企业定额进行清单的组价工作，在施工阶段可以根据企业消耗定额来编制项目施工成本清单，变更清单可以根据合同要求进行编制。本项目中工程量关联与计算如图 9-21、图 9-22 所示。

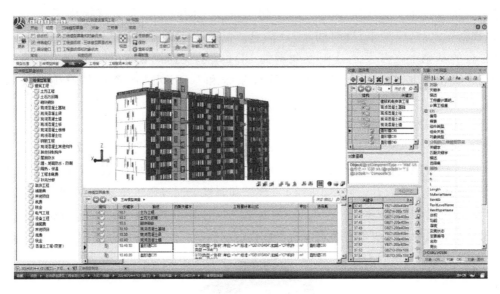

图 9-21 工程量关联

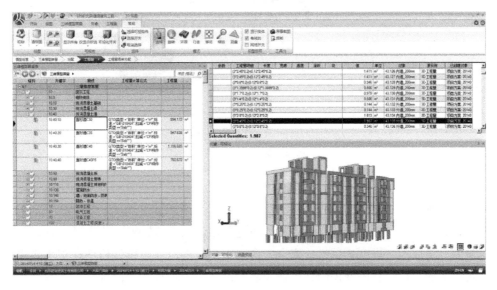

图 9-22 工程量计算核对

9.7 蓝色星球的 3DGIS＋BIM 平台应用解决方案

9.7.1 3DGIS＋BIM 平台简介

上海蓝色星球科技股份有限公司采用自主研发的 3DGIS 与 BIM 之间无缝和属性信息无损集成技术，完成了 BIM 平台的研制开发。同时，蓝色星球提供了 BIM 平台＋5D 数据库（3D 模型＋1D 时间＋1D 信息）的面向建筑全生命周期应用解决方案；并在平台的基础上，开发了基于互联网的 BIM 模型快速浏览、共享和交换服务，以及为用户提供了基于 BIM 的项目协同管理系统和基于 BIM 的资产与设施运维管理系统。

蓝色星球 3DGIS＋BIM 平台作为第三方独立平台，全面支持国际标准 IFC、支持市场上主流 BIM 软件（如 Revit、Bentley、Tekla、Dassault 等）创建的模型文件信息完整的导入，并以构件级的信息模型存入蓝色星球 5D 数据库。如图 9-23 表示，由市场主流的 BIM 软件进行参数化设计、创建出的 BIM 模型和属性，通过蓝色星球 BIM 平台的转换处理后存入蓝色星球 5D 数据库。存入 5D 数据库之后的 BIM 模型和属性信息如何维护、使用，BIM 平台按照用户提出的要求进行个性化定制开发。

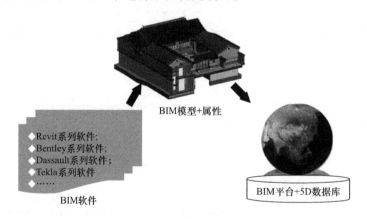

图 9-23　蓝色星球 3DGIS＋BIM 集成原理示意

9.7.2 3DGIS＋BIM 应用解决方案

1. 基于 BIM 的工程项目协同管理系统

基于 BIM 的工程项目协同管理系统开发的技术路径是：以 WBS 为主线，在最小单位的工作包内，将成本、进度、质量、安全、合同、资料等信息与模型构件在工作包里进行关联，实现了成本控制、进度控制、质量控制，以及安全管理、合同管理、资料管理等各方面进行全关联应用，最终实现了通过基于 BIM 的工程项目精细化管理，达到"保证进度、质量可控、降低成本、提升效益"的项目管理目标。蓝色星球基于 BIM 的项目协同管理系统如图 9-24 所示。

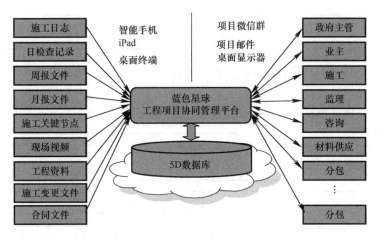

图 9-24　蓝色星球基于 BIM 的项目协同管理系统

2. 基于 BIM 的资产与设施运营维护管理系统

基于 BIM 的资产与设施运营维护管理系统开发的技术路径是：以模型为载体，综合运用 BIM 环境中的物联网、移动互联、视频监控、二维码、RFID、BA、工作流等技术，实现"服务中心、资产管理、空间管理、设施设备运维管理、应急管理、安全管理、资料管理"等应用。

9.7.3　基于 3DGIS＋BIM 系统平台的实施案例

上海地铁 12 号线嘉善路至汉中路的区间隧道，共有 4 个车站 3 个区间，全程约 4 公里，全部为地下盾构区间，沿线穿越了市中心繁华的陕西南路、南京西路等地段，地面建筑和地下管道环境非常复杂，在地下隧道施工过程中，稍有不慎将带来不可挽回的经济损失和社会影响。

立项开发上海地铁 12 号线区间隧道施工安全监测系统，是基于地铁 12 号线区间的 BIM、WebGIS、3DGIS、虚拟现实等技术和隧道综合监控系统，以及沿线的地理空间信息，实现对嘉善路至汉中路区间隧道施工的仿真与监测。

上海地铁 12 号线隧道施工过程的安全监测项目的需求分为：平台要求、二维/三维漫游、静态数据查询和展示、动态数据查询和展示，以及数据分析报警等。

根据平台总体框架，以面向服务的设计为理念，以基于三维空间信息平台的信息分析与应用思想和技术进行架构为核心，对平台总体架构进行设计。系统的总体架构如图 9-25 所示。

通过隧道施工安全监测系统的研发和投入使用，进一步提升上海地铁 12 号线嘉善路至汉中路的区间隧道施工过程的可视化、精细化管理水平和工作效率，将安全隐患消灭在萌芽状态、杜绝安全事故的发生，为上海地铁 12 号线嘉善路至汉中路的区间隧道工程施工质量和施工进度提供技术支持与保障。图 9-26 为基于 3DGIS＋BIM 的上海地铁 12 号线隧道施工过程的安全监测系统。

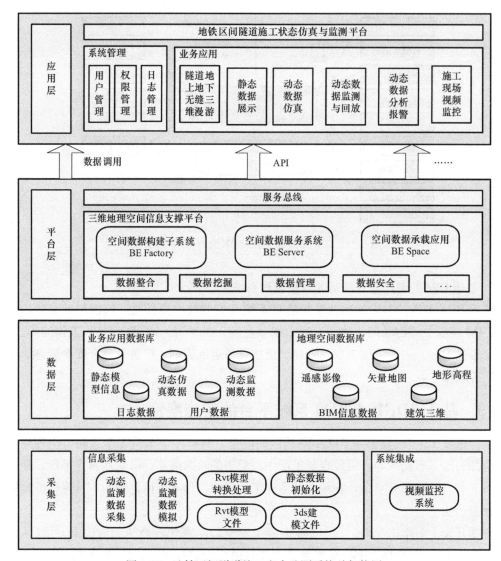

图 9-25　地铁区间隧道施工安全监测系统总架构图

图 9-26　基于 3DGIS＋BIM 的地铁 12 号线区间隧道施工安全监测

参 考 文 献

[1] 仇保兴. 中国智慧城市发展研究报告（2012—2013 年度）[M]. 北京：中国建筑工业出版社，2013.

[2] 郭理桥. 智慧城市导论 [M]. 北京：中信出版社，2015.

[3] 万碧玉，李君兰. 智慧城市创建实践 [J]. 电信网技术，2014，07：16-21.

[4] 李久林. 大型施工总承包工程 BIM 技术研究与应用 [M]. 北京：中国建筑工业出版社，2014.

[5] 李久林，张建平，马智亮，王大勇，卢伟. 国家体育场（鸟巢）总承包施工信息化管理 [J]. 建筑技术，2013，10：874-876.

[6] 李久林，高树栋，邱德隆，李文标，万里程，魏义进，陈桥生. 国家体育场钢结构施工关键技术 [J]. 施工技术，2006，12：14-19.

[7] Li Jiulin, Zhang Jianping, Ma Zhiliang etc. Construction Information Management for the General Contractor of the National Stadium Project [C]. Proceeding of Shanghai International Conference on Technology of Architecture and Structure，2009.

[8] 李建松. 地理信息系统原理 [M]. 武汉：武汉大学出版社，2006.

[9] 马书英，张凯，朱祥顶. 国家体育场"鸟巢"支撑塔架施工测量 [J]. 测绘科学，2010，06：265-266.

[10] 李久林，杨庆德，等. 织梦筑鸟巢国家体育场-工程篇 [M]. 北京：中国建筑工业出版社，2009.

[11] 杨郡，王甦，成会斌，崔嵬，秦杰. 国家体育馆双向张弦钢屋盖施工技术 [J]. 施工技术，2006，12：20-22.

[12] 王甦，杨郡. 国家体育馆双向张弦钢屋架施工技术 [J]. 建筑机械化，2007，09：31-35＋4.

[13] 陈永生，朱海峰，揭晓余. 钢结构高空累积滑移技术应用 [J]. 施工技术，2008，05：53-55.

[14] 杨霞. 中国国家博物馆改扩建工程双层钢桁架施工技术 [J]. 钢结构，2011，08：55-58.

[15] 谢强，薛松涛. 土木工程结构健康监测的研究现状与进展 [R]. 中国科学基金，2001，(5)：285-288.

[16] 刘占省，武晓凤，张桐睿. 徐州体育场预应力钢结构 BIM 族库开发及模型建立 [A]. 住房和城乡建设部科技发展促进中心. 2013 年全国钢结构技术学术交流会论文集 [C]. 住房和城乡建设部科技发展促进中心:，2013：5.

[17] 宁振伟，朱庆，夏玉平. 数字城市三维建模技术与实践 [M]. 北京：测绘出版社，2013.

[18] 朱庆，林珲. 数码城市地理信息系统 [M]. 武汉：武汉大学出版社，2004.

[19] 王长进. 机载激光雷达铁路勘察技术 [M]. 北京：中国铁道出版社，2010.

[20] 张建平，李丁，林佳瑞，颜钢文. BIM 在工程施工中的应用 [J]. 施工技术，2012，16：10-17.

[21] 尹奎，王兴坡，刘献伟，胡振中. 基于 BIM 的机电设备设施管理系统研究 [J]. 施工技术，2013，10：86-88.